超越设计课

园林景观施工图设计实例图解
——绿化及水电工程

主　编　朱燕辉
参　编　李秋晨　曹　雷　魏　华

机械工业出版社

为了解决年轻设计师苦于对园林景观设计工程全流程无从下手的问题,本书以横向广泛、纵向深入的方式涵盖了相关园林景观方案设计及工程施工的常识,以列举工程实例的方式对方案设计、施工图设计及施工现场的把控步骤进行了深入浅出的介绍。

本书主要讲解园林景观工程设计中的水景、照明、电气及植物景观设计的相关知识,取材于编者参与的实际设计工程中已按照施工图完成的项目,同时符合国家施工图绘制标准。

本书可以作为初涉园林景观施工图设计者的设计绘制指导,对初入职场人员有较大的帮助;同时也可作为具有园林景观设计能力和常识的学生进行方案及施工图深化设计的自学参考。

图书在版编目(CIP)数据

园林景观施工图设计实例图解:绿化及水电工程/朱燕辉主编. — 北京:机械工业出版社,2018.1(2022.1重印)

(超越设计课)

ISBN 978-7-111-58705-7

Ⅰ.①园… Ⅱ.①朱… Ⅲ.①景观设计—园林设计—工程制图 Ⅳ.① TU986.2

中国版本图书馆 CIP 数据核字(2017)第 307699 号

机械工业出版社(北京市百万庄大街 22 号　邮政编码 100037)
策划编辑:时　颂　责任编辑:时　颂　郭克学
责任校对:王　欣　封面设计:鞠　杨
责任印制:孙　炜
北京利丰雅高长城印刷有限公司印刷
2022 年 1 月第 1 版第 4 次印刷
184mm×260mm・11 印张・262 千字
标准书号:ISBN 978-7-111-58705-7
定价:75.00 元

凡购本书,如有缺页、倒页、脱页,由本社发行部调换

电话服务	网络服务
服务咨询热线:010-88361066	机 工 官 网:www.cmpbook.com
读者购书热线:010-68326294	机 工 官 博:weibo.com/cmp1952
010-88379203	金　书　网:www.golden-book.com
封面无防伪标均为盗版	教育服务网:www.cmpedu.com

序一 Forword

本书主编朱燕辉的团队是一支踏实肯干、工作细致、有责任心、有担当的园林景观青年设计团队，是园林景观行业的中坚力量。其所在公司是以建筑为设计主营业务的中国建筑设计院有限公司，这样的工作环境给了他们一个不同的工作视角。主编朱燕辉在工作的前几年怀着园林设计师的梦想与热忱投身到园林景观的设计创作建设中，然而在建筑设计院的环境影响下，她首先接触的不是大山大水的园林景观工程，而是建筑周边的环境设计，对象不同，尺度不同，工作内容需要设计师了解园林景观行业之外更多的其他专业知识，工程设计与表达乃至实施流程都要求更加细致周全。在2005年，朱燕辉参与了2008年奥运场馆"鸟巢"及周边园林景观的设计与建设。在这三年的设计实践中，她发现了自己在建筑相关设计中存在的不足之处，之后便从零开始了解建筑知识，进一步充实了作为园林景观设计师需要具备的知识结构体系。在实际工作中，她深入建筑与园林施工现场，积累了丰富的现场经验；学会并掌握更多的设计原则，使建筑场地与园林景观更加融洽，这也是她在本书中重点体现的内容之一。

多年来与建筑行业人士的合作与沟通，让她深感园林景观行业的多元性，不仅是山水情怀的创作，更多的是包容、权衡各种专业间的需求，完成接近设计初衷的设计，回归当代园林景观设计。回首审视求学时期的园林景观设计理论基础专业知识，再结合自己走入社会后多年实践的工程现场经验，她深感仅有课堂知识远不能满足实践的需求。同时行业的发展更需要有超越课堂的媒介，让更多的年轻人不出学校就能感受到行业实实在在的一面。她每年都会接触到初入社会或是工作三两年的年轻工作者，看到了他们很想融入行业而苦于知识体系不完整，设计仅仅停留于纸上的美感，从而制约着他们对园林景观进行合理设计和完美表达。因此，本书主要面向具有一定专业知识的在校学生和步入社会工作三两年的年轻群体。她由衷地希望能帮助他们，分享她在多年工作中的积累，将自己和团队16年来的园林景观工程设计及施工的经验写出来，以图文并茂的形式展示给读者，将枯燥的学习过程转变为一种身临其境的体验。

本书以园林景观工程的五大分类作为内容结构框架，表述直接针对园林景观工程的诸多方面，以图文形式讲解枯燥的规范数据，提出"园林景观感知"的学习方法，巧妙地将数据植入视觉感受，是一种有创意的表达方式。经验分享不仅有文字的表述，更有实际工程案例的列举。在案例中较为全面地贯彻着园林景观的相关规范，设计之初便控制住了规范的落实，施工图的表达与施工现场及建成照片一一对应，相信本书一定会解开很多年轻设计师的工程现场之惑。

本书编者面对行业知识结构体系与实践不衔接的教育现状，慷慨地分享了自己的多年经验，为推动行业的发展与进步做出了自己的贡献。

张树林

序二 Forword

  作为 15 年来一路并肩前行的工作战友，深深感受到了作者在本书中流露出的对景观设计职业的热爱。本书饱含了作者 15 年来景观设计的成长历程和学识积累，包括了目前园林景观设计的各要素，融入了工程实践内容，阐述了如何活学活用现行法律法规，深入浅出地以一个设计师的视角审视在景观设计基础层面会遇到的问题与挑战。在内容编制上，提供了较为综合的学习内容，适合于即将进入景观设计社会工作岗位以及具有二至三年工作经历的年轻设计师。本书为年轻设计师打开了景观设计生涯的一扇窗，让其初探设计的奥妙，初体验设计是一门怎样杂糅的学科。然而面对问题，作者也为年轻设计师开启了景观设计全过程了解的启迪之门，这也是更深入了解景观设计的必经之路。本书易读易懂，图文并茂，摒弃一贯的文字黑白图片的形式，图表图片对应文字解释的方式更加清晰，更加简明，易于学习。作为工作伙伴、同行及专业前辈的我赞赏作者对景观设计事业的执着与尊重，故推荐此书，相信此书会成为年轻设计师的良师益友。

史丽秀

前言 Preface

（一）本书的编写初衷

园林景观行业蓬勃发展、社会需求日益增加以及对品质要求的日益严苛正是社会物质文明发展转向精神文明发展的一面镜子，折射出的是城市发展的重要进程，是城市进步的重要特征。这样的发展对从业者提出了更高标准的行业要求——匠人精神。编者16年来的园林景观设计工程一线从业经历就是园林景观行业从鲜为人知到发展壮大的见证。这16年是从师者从书本教诲到工程自我实践的16年，也是从一无所知、茫然新奇到胸有成竹、偶任授业解惑之职的16年。2015~2017年是行业面临巨大变化的时期，在编者作为主要编制人完成了国家"十二五"的科研课题项目中园林景观专业国家标准图集的编绘工作之后，自我感觉到是回顾过往、凝练修身、再次整装待发的时候了。同时，编者在近两年的大学院校授课过程中深感院校的学习内容与社会行业需求之间的不平衡。行业的迅速发展致使企业急需能够胜任工程实战的战士，而不是刚出校门还茫茫然的菜鸟。如何让学生与社会工程接轨甚是困难，重要的接轨机会留给了学生自己碰运气式的实习乱闯。因此，总结并记录自己的所学所用为"园林景观施工图设计实例图解"系列（共三册），以供热衷园林景观行业的学生和刚刚步入职场的年轻设计师观摩学习之用，应该是编者对园林景观行业最为真诚的尊重与热爱的表达了。

（二）本书的内容

一项优秀的园林景观工程建设不仅是自然景观和人文景观的合理保护和融合，同时还应该在优美中创造生态的稳定和时代的特色，保证可持续的宜居环境。为了使读者既具备专业知识，又具备初级的实践技能，本系列从园林景观四大元素中的山、水、建筑、植物，以及照明、电气、给水排水专业等方面结合园林景观工程进行分类阐述。本系列共三册，涵盖园林景观工程的五大专项工程。本书为绿化及水电工程，包括园林景观工程设计中的水景、照明、电气及植物景观设计的相关知识。

本书针对不同工程都进行了全流程的解读，包括园林景观方案设计要点、常用规范标准、设计深化方法、图样表达、施工图绘制方法、工程案例现场图解、施工现场把控方向等几方面内容。园林景观项目实施中的方案设计阶段为基础知识的归纳，本书以图文并茂的形式讲述常用规范标准，更加便于设计师的理解与使用；图样表达部分以实际案例为对象，图样标注方式阐述绘制理论及设计原理；工程专项案例图解部分是多年的工作总结及案例展示，内容不仅限于文字的表述，而是以实践工程为对象，结合项目图样及现场照片记录和展示施工流程，使读者虽未到达过施工现场，但仍能经历和感受工程现场，有助于理解并增加对园林景观工程的兴趣。

（三）本书的特点

本书有以下三大特点：

（1）全面。本书无论从园林景观工程的专项工程来看，还是从每一专项工程的深度表达来看，横向及纵向都有一定的涵盖。本书以工程实例方式对施工图设计相关步骤进行初步介绍，结构体系突出重点，详略得当，注重知识的融会贯通，突出本书的整合编绘原则。

（2）真实。本书取材于编者16年来的实际设计工程积累，着重讲解从设计到施工图绘制乃至工程施工的实现过程，要求读者具有一定的设计基本知识理论，重在使读者从工程实践中了解设计的实现过程和细节表现。

（3）准确。本书符合国家施工图绘制标准，可作为具有园林景观设计能力和知识的学生进行施工图深化设计自学的材料。本书不仅涵盖了编者的工作经历总结，而且收录了权威的行业规范、条款等内容。本书综合了新的政策、法规、标准、规范以及时下的先进技术，具有较强的针对性和实用性。

（四）本书的读者对象

本书针对的读者涵盖了具有一定园林景观专业知识的在校学生，和从事园林景观行业一线工作3~5年的年轻设计师。设计师都想通过图样的完整表达以及巧匠施工，将自己的园林景观作品呈现于世人面前。然而，多数年轻设计师苦于对设计图及施工图深化表达无从下手而一筹莫展。

本书符合园林景观设计工程实战逻辑，从设计之初方案深化所需的基本知识以及园林景观常用的法规、规范的使用归纳，到施工图表达，直至施工工程展示的全流程模式，向刚刚涉足园林景观行业的设计师展示园林景观工程的纵观全貌。通过对编者及其所在团队从业16年的经验总结，希望能够带给年轻的园林景观设计师以启迪，使他们茅塞顿开，巧用施工图设计，可在落地自己的作品上迈出飞跃的一步。

初入职场的年轻设计师可以本书作为全面梳理园林景观工程实战备战的指导书，从设计到深化表达，再到工程施工图绘制，以及现场施工基础常识储备都会成为对初入职场人员有益的工作指南。

（五）本书的助力

本书在编写过程中得到编者所在设计团队中国建筑设计院有限公司环境艺术设计院设计团队、行业专家、行业领跑者、行业青年设计师和大量的施工现场人员多方位的大力支持，在此表示感谢。由于编者水平有限，难免有疏漏、不妥之处，敬请读者批评指正。

主编　朱燕辉

目录 Content

序一
序二
前言

第一章 海绵城市中的景观生态雨水利用设计 1
    第一节 海绵城市解读——什么是绿色基础设施 2
    第二节 海绵城市范例 17

第二章 园林景观水景给水排水设计 32
    第一节 喷泉的分类、作用及布置要点 34
    第二节 喷泉水景的表现形式——喷头 47
    第三节 喷泉中常见的基本水形 54
    第四节 园林景观水质维护 56
    第五节 水景工程中的给水排水专业配合 60
    第六节 水景给水排水设计案例分析 64

第三章 园林景观灌溉 84

第四章 园林景观照明设计、音箱及供电设计 91
    第一节 园林景观电气设计概述 91
    第二节 配电设计 92
    第三节 弱电设计 95
    第四节 园林景观照明设计 96
    第五节 园林景观照明案例分析 111
    第六节 园林景观电气图解 117

第五章　植物景观设计工程 …… 124

第一节　植物景观配置与造景基础 …… 124

第二节　植物景观设计基础理论 …… 134

第三节　植物景观设计分类概述 …… 137

第四节　植物景观搭配的基本形式 …… 156

第五节　景观种植设计施工图解及实践案例 …… 157

参考文献 …… 168

第一章 海绵城市中的景观生态雨水利用设计

园林景观生态雨水利用是从景观工程角度对"海绵城市"的阐释。2014年4月,习近平主席在关于保障水安全重要讲话中指出,要根据资源环境承载能力构建科学合理的城镇化布局;尽可能减少对自然的干扰和损害,节约集约利用土地、水、能源资源;解决城市缺水问题,必须顺应自然,建设自然积存、自然渗透、自然净化的"海绵城市"。2015年,首批海绵城市建设试点城市包括迁安、白城、镇江、嘉兴、池州、厦门、萍乡、济南、鹤壁、武汉、常德、南宁、重庆、遂宁、贵安新区和西咸新区,共16个城市。2016年,第二批海绵城市建设试点城市包括北京、天津、大连、上海、宁波、福州、青岛、珠海、深圳、三亚、玉溪、庆阳、西宁和固原,共14个城市。两年间,共有30个城市被列为"海绵城市"建设试点单位,可见海绵城市建设力度之大,范围之广。

海绵城市并不是一天就能建成的,可能需要5年、10年,甚至更长时间才能建成。生态水利和国土海绵系统建设是根本解决之道。生态水利就是"海绵系统"中低影响开发建设技术与景观生态的结合,具体技术措施就是园林景观生态雨水利用的关键实施策略。

由于城市下垫面过度硬化,切断了雨水的回渗循环再利用,改变了城市原有的自然生态本底和水文特征。天然地面以绿化为主的下垫面25%的深层渗透率和25%的浅层渗透率占据了雨水流向的一半,另外加之40%的地表蒸腾有效地将径流率控制在了10%。而布满铺装的下垫面有70%以上为硬化时,深层渗透率和浅层渗透率仅有15%,另外加之30%的地表蒸腾,地表的径流率将会在55%,水大量流入了城市雨水管网。现行的城市雨水系统是将地面径流通过雨水口收集至地下庞大的雨水传输、收集、排放系统。地表径流除去很少的渗透,大部分排放至河流,不仅耗费了大量的管道设施,而且使硬化地面区域的雨水下渗量不够回补地下水,从而打破了原有的生态平衡。

海绵城市应用城市低影响开发建设模式(LID),使得城市能够像海绵一样在适应环境变化和应对自然灾害等方面具有良好的"弹性",下雨时吸水、蓄水、渗水、净水,需要时将蓄存的水"释放"出来并加以利用。海绵城市建设一般包括对城市原有生态系统的保护、生态恢复和修复、低影响开发建设。海绵城市建设应遵循生态优先等原则,将自然途径与人工措施相结合,在确保城市排水防涝安全的前提下,最大限度地实现雨水在城市区域的积存、渗透和净化,促进雨水资源的利用和生态环境保护。

由此规划了我国大陆地区年径流总量控制率(图1-1),作为海绵城市建设工程的目标。

年径流总量控制率共分为5个区，其分区依据见表1-1。低影响开发模式较传统开发模式地表径流总量的峰值要低，峰值时间要滞后。海绵城市建设要改变过去80%以上的雨水径流都排放至下游的情况，要通过下渗减排和集蓄利用，减少地表径流的排放量。

年径流总量控制率对应的设计降雨量的值，在国外低影响开发雨水系统中，通常取20~30mm是比较经济的指标。设计降雨量值高于40mm通常是不经济的，也就是绿色基础设施的投入相比灰色基础设施的投入要高。在我国西部年降水400mm以内的区域，按照85%的年径流总量率或者更高，是经济合理的；但是在我国南亚热带地区年径流总量控制率最低可以取60%。可见不是一概而论地进行绿色基础设施建设，还是要以经济为原则，衡量投入产出的效益为准。

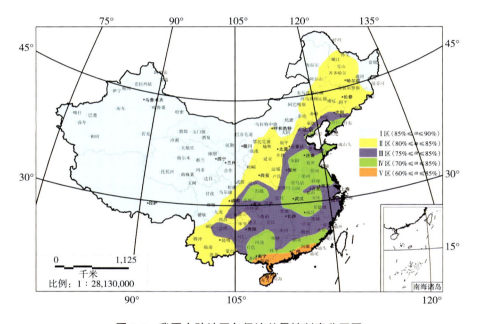

图 1-1 我国大陆地区年径流总量控制率分区图

表 1-1 年径流总量控制率分区依据

区位	限值	分区依据
Ⅰ区	85% ≤ α ≤ 90%	1.特殊需求：西部干旱、半干旱地区与水资源回收利用需求大 2.可实施性：年径流总量控制率对应设计降雨量低于20mm，设施容易落地
Ⅱ区	80% ≤ α ≤ 85%	
Ⅲ区	75% ≤ α ≤ 85%	1.低影响开发：接近城市开发前自然植被状态下的降雨产流率 2.可实施性：年径流总量控制率下限值对应的设计降雨量值大于20mm且小于30mm，设施容易落地
Ⅳ区	70% ≤ α ≤ 85%	
Ⅴ区	60% ≤ α ≤ 85%	

第一节　海绵城市解读——什么是绿色基础设施

首先我们来直观地比较一下灰色基础设施与绿色基础设施的作用。

灰色基础设施（Grey Infrastructure）（图1-2）也就是传统意义上的市政基础设施，是以单一功能的市政工程为主导，由道路、桥梁、铁路、管道以及其他确保工业化经济正常运作所必需的公共设施所组成的网络。具体到排水排污方面，其基本功能是实现污染物的排放、转移和治理，但并不能解决污染的根本问题，建设成本高。

绿色基础设施（Green Infrastructure）（图1-3）是20世纪90年代中期提出的一个概念，是由河流、林地、绿色通道、公园、保护区、农场、牧场、森林以及维系天然物种、保持自然的生态过程、维护空气和水资源并对人的健康和生活质量有所贡献的自然区域及其他开放空间组成的互通网络。具体到排水治污方面，绿色基础设施是通过新的建设模式探索、催生和协调各种自然生态过程，充分发挥自然界对污染物的降解作用，最终为城市提供更好的人居环境。该网络系统可为野生动物迁徙和生态过程提供起点和终点，系统自身可以自然地管理暴雨，减少洪水的危害，改善水的质量，节约城市管理成本。

灰色基础设施作用：
1. 尽快排除径流。
2. 系统性疏导径流。
3. 可以作为对部分雨水形成人工化再利用的末端。
4. 有效控制二次污染。

图1-2　灰色基础设施（Grey infrastructure）

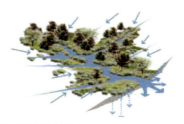

绿色基础设施作用：
1. 暴雨径流量减少30%~99%。
2. 延迟暴雨径流峰值5~20min。
3. 有效去除雨水径流中的污染物。
4. 补充地下水。
5. 节省雨水回用成本。
6. 美化环境，创造舒适生活空间。
7. 改善城市热岛效应。

图1-3　绿色基础设施（Green Infrastructure）

绿色基础设施的低影响开发和传统的开发对于雨水控制的水文原理表现如图1-4所示。低影响开发是指在场地开发过程中采用源头、分散式措施维持场地开发前的水文特征，也称为低影响设计或低影响城市设计和开发。其核心是维持场地开发前后水文特征不变，包括径流总量、峰值流量、峰现时间等。

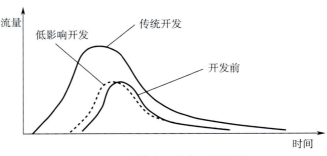

图1-4　低影响开发水文原理图

维持径流总量不变，就要采取渗透、储存等方式，图1-4表明实现开发后一定量的径流量不外排；要维持峰值流量不变，就要采取渗透、储存、调节等措施削减峰值、延缓峰值时间。

一、绿色基础设施与园林景观生态雨水利用措施

绿色基础设施即园林景观生态雨水利用措施构成的完整目标系统，通常包括以下几方面的常用建设工程技术：垂直绿化、透水铺装、地表入渗、雨水传输、生态护岸、生态修复、雨水调蓄、截污净化。

1990年，绿色基础设施起源于美国。图1-5所示为位于西雅图的世界第一个低冲击开发项目。深圳大学佘年教授于2007年开始在国内推广，并建立了国内第一个实验基地（图1-6）。

图1-5 第一个低冲击开发项目

a）改造前 b）改造后

图1-6 深圳第一个实验基地

a）下凹式绿地 b）雨水花园 c）屋顶花园 d）场地边的植草沟

绿色基础设施构建的海绵城市是实现从雨水快排，及时就近排出，到速排干的雨水递进处理过程，使工程排水时代跨入"渗、滞、蓄、净、用、排"六位一体的综合排水系统。生态排水是雨水排水方向的历史性、战略性的转变。

"渗、滞、蓄、净、用、排"六位一体的综合排水系统（图1-7）具体体现在景观工程中的各个环节。地面铺装粗糙的设计、草地表面、道路两侧的路缘石与开口的组合都可以起到径流通道控制地表径流的作用。绿地中的低洼地带、低于道路的活动场地结合管道溢水设施等都可以作为洼地雨水调蓄池使用，缓解暴雨高峰时期城市地下雨水管网的压力。人工或自然的景观水池，结合溢水位的设计可以作为雨水高峰的滞留池，又使得景观成了季节性的变化景观。在人工湿地或雨水花园中，由于植物的多种搭配，特别是针对水质净化提升的植物群落就是雨水的过滤净化池。透水铺装、绿地等具有渗透功能的下垫面都是雨水下渗的载体。在大面积的自然湿地或人工湿地中，雨水几乎可以经过全流程的海绵措施。湿地既是调蓄池又是滞留池，不同功能的湿地植物如挺水植物、浮水植物、沉水植物，以至于微生物都对水体进行着净化作用，湿地使雨水得以再生。

图1-7 "渗、滞、蓄、净、用、排"六位一体的综合排水系统

景观雨水利用措施的目的是缓解瞬时雨水峰值，并非完全解决降水排水的功能。选用景观构造时，需要与水工专业进行密不可分的配合。需要水工专业先行，确定功能需求，然后景观措施给予对应实现。景观这时不仅满足了功能需求，同时还满足美化的需求。海绵城市功能一定是通过景观手法（植物、景观构造）来实现的，具有可观赏性、绿化美化的景观特点。

二、景观雨水生态技术措施

按海绵城市处理雨水的先后顺序归纳成三大类，分别是用于收集雨水的"收水措施"，用于含蓄、储存、过滤雨水的"蓄水措施"，以及如何有效利用雨水的"用水措施"。雨水生态技术包括众多技术措施，紧密与景观相契合的措施归纳见表1-2。

表1-2 雨水生态技术选用表

技术类型	专项设施技术（景观类型）		景观用地类型			
			建筑与小区	城市道路	绿地与广场	城市水系
渗透技术	透水铺装	透水砖铺装	●	●	●	◎
		透水混凝土	◎	◎	◎	◎
		透水沥青混凝土	◎	◎	◎	◎

（续）

技术类型	专项设施技术（景观类型）		景观用地类型			
			建筑与小区	城市道路	绿地与广场	城市水系
渗透技术	绿色屋顶		●	○	○	○
	生态滞留区	简易型	●	●	●	◎
		复杂型	●	●	◎	◎
	下沉式绿地		●	●	●	◎
	渗井		●	◎	●	○
储存技术	雨水湿地		●	●	●	●
	蓄水池		◎	○	◎	○
转输技术	植草沟	转输型植草沟	●	●	●	◎
		干式植草沟	●	●	●	●
		湿式植草沟	●	●	●	◎
	渗管/渗渠		●	●	●	○
截污净化技术	植被缓冲带		●	●	●	●

注：1. 宜选用●；可选用◎；不宜选用○。
   2. 本表只对《环境景观——室外工程细部构造》（15J012—1）图集中提及的雨水生态技术选用适合用地进行推荐。

以上专项技术在景观中呈现的景观类型包括：透水铺装、屋顶绿化、下沉式绿地、生态滞留区、雨水花园、雨水湿地、植草沟、植被缓冲带等。

1. 透水铺装

透水铺装是以碎石、水泥为主要原料，经成型工艺处理后制成的，具有较强的渗透性能（图1-8）。

（1）混凝土透水砖（图1-9）。混凝土透水砖材质具有锁水保湿功效，让铺装上的树木有足够水分的滋养，且具有环保效果。砖下结合层可为中砂垫层或透水砂浆。

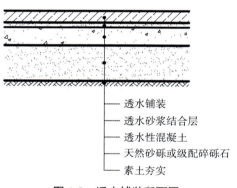

图1-8 透水铺装断面图
—— 透水铺装
—— 透水砂浆结合层
—— 透水性混凝土
—— 天然砂砾或级配碎砾石
—— 素土夯实

a）

b）

图1-9 混凝土透水砖
a）铺设过程 b）铺设完成

（2）透水性混凝土。透水性混凝土包括胶粘石、大颗粒透水混凝土等，在材料组成上归纳还可称为无砂混凝土。它是由骨料、水泥、水拌制而成的一种多孔轻质混凝土，不含细骨料（如砂），是由粗骨料表面包覆一薄层水泥浆相互黏结而形成的孔穴均匀分布的蜂窝状结构地面面材。透水性混凝土有多种优势，具有透气、透水、重量轻、高散热的特点，能让雨水流入地下，补充地下水，有效地解决城市的热岛效应。透水性混凝土系统拥有系列色彩配方，配合设计的创意，针对不同环境和个性要求的装饰风格进行铺设施工（图1-10）。这是传统铺装和一般透水砖不能实现的。

图1-10　透水性混凝土的现场铺设

（3）植草铺装。植草铺装就是通常在停车场的停车位上用到的植草砖（图1-11）、植草格（图1-12）、植草地坪，铺装劳动强度较大。除此之外，山体护岸的坡面也可使用植草铺装。

图1-11　混凝土植草砖　　　　　　图1-12　塑胶植草格

植草地坪（图1-13）是通过钢筋将用模具制作出来的混凝土块连接起来，形成一个整体，再在空隙中填满种植土，播种或栽种草苗的施工工艺。

a)　　　　　　　　　　　　　　b)

图1-13　植草地坪

c）

图 1-13　植草地坪（续）

（4）木板地面。木板地面包括实木地面及木塑地面。实木地面（图 1-14）以龙骨架空铺设，自身的透水性良好。木塑地面（图 1-15）是以锯末、木屑、竹屑、麦秸、谷糠、椰壳、大豆皮、花生壳、甘蔗渣、棉秸秆等初级生物质材料为主原料，利用高分子界面化学原理和塑料填充改性的特点，配混一定比例的塑料基料，经特殊工艺处理后加工成型的一种可逆性循环再生利用、健康环保、形态结构多样的基础性材料。

图 1-14　实木地面

图 1-15　木塑地面

（5）风积沙透水砖。早在 2008 年北京奥运中轴线以及奥林匹克森林公园中就有大面积应用风积沙透水砖（图 1-16）的案例。其主要是靠破坏水的表面张力来透水。透水砖和结合层材料完全采用沙漠中的风积沙，是一种变废为宝的新技术，这种材料的使用在雨水下渗的过程中还能起到很好的净化过滤作用。

（6）嵌草石板汀步。根据工程需要将 60~100mm 厚的石汀步（图 1-17）放置于夯实土上，工艺简单，施工方便，可适应地基变形，石缝中植草，并很容易生长。

图 1-16　奥林匹克森林公园风积沙透水砖　　　　图 1-17　嵌草石板汀步

2. 屋顶绿化

屋顶绿化早已成为城市绿化美化建设的一部分，是城市建设绿化补偿的一个常规渠道，是海绵城市建设的重要环节。屋顶绿化按照形式可分为花园式、组合式、草坪式三种。前二者形式较为复杂，可供人游赏，承载要求较高；后者多用于只供人们欣赏而不能登上的屋顶。对于不同形式的屋顶绿化，从海绵城市建设的角度提出了建设指标（表 1-3）。

表 1-3　屋顶绿化建设指标参考

花园式及组合式屋顶绿化	绿化种植面积占绿化屋顶面积	≥60%
	铺装场地及园路面积占绿化屋顶面积	≤12%
	园林小品及建构筑物面积占绿化屋顶面积	≤3%
草坪式屋顶绿化	绿化种植面积占绿化屋顶面积	≥80%

花园式绿化（图 1-18a）又可称为精细式屋顶绿化，植物绿化与人工造景、亭台楼阁、溪流水榭等完美组合。它具备以下几个特点：以植物造景为主，采用乔木、灌木、地被结合的复层植物配置方式，产生较好的生态效益和景观效果，经常养护，经常灌溉，质量为 150~1000kg/m²。

组合式绿化（图 1-18b）又可称为半精细式屋顶绿化，是介于粗放式和精细式屋顶绿化之间的一种形式。其特点是：利用耐旱草坪、地被和低矮的灌木或可匍匐的藤蔓类植物进行屋顶覆盖绿化。一般构造的厚度为 150~600mm，需要适时养护，及时灌溉，质量为 120~250kg/m²。

草坪式绿化（图 1-18c）又可称为粗放式屋顶绿化或开敞型屋顶绿化，是屋顶绿化中最简单的一种形式。它是以景天类植物为主的地被型绿化，一般构造的厚度为 5~20cm，低养护，免灌溉，质量为 60~200kg/m²。

考虑到建筑承载屋顶绿化的能力，要求建筑符合以下要求：平屋顶和屋面坡度小于 15°的屋顶，可以做屋顶绿化；其中平屋顶适合花园式绿化、组合式绿化或草坪式绿化，而坡屋顶仅适合做草坪式绿化。建筑高度影响风荷载，在 6 层以下或 18m 以下的建筑屋顶所受风荷载合理可控。按照一般种植土壤计算，花园式及组合式屋顶绿化的屋面荷载应大于或等于 4.5kN/m²，草坪式屋顶绿化设计荷载应大于或等于 2.5kN/m²。屋顶荷载应包括植物材料、土壤、树木生长产生的活荷载。植物材料的平均荷载参考值见表 1-4，屋顶绿化相关材料密度参考值见表 1-5。

a)

b)

c)

图 1-18 屋顶绿化

a）花园式绿化 b）组合式绿化 c）草坪式绿化

表 1-4 植物材料的平均荷载参考值

植物类型	规格 /m	植物荷载 /（kN/m²）
乔木（带土球）	$H=3.0\sim10.0$	0.4~0.60
大灌木	$H=1.2\sim3.0$	0.20~0.40
小灌木	$H=0.5\sim1.2$	0.10~0.20
地被植物、草坪	$H=0.2\sim0.5$	0.05~0.10

表 1-5　屋顶绿化相关材料密度参考值

材料	混凝土	水泥砂浆	河卵石	豆石	青石板	木质材料	钢制材料
密度 /（kg/m³）	2500	2350	1700	1800	2500	1200	7800

屋面构造（图 1-19）中的排蓄水层必须与排水系统连通，保证排水通畅，特别是雨季的排水通畅。经过屋面植被及种植土壤的过滤，雨水可直接进行收集再利用。

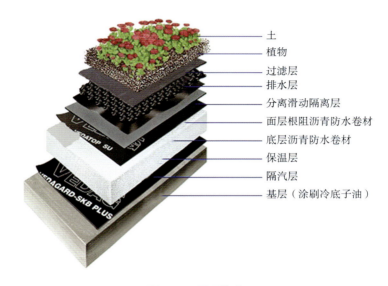

图 1-19　屋面构造

3. 下沉式绿地

景观中的下沉式绿地（图 1-20、图 1-21）参与的是收集雨水的过程。下沉式绿地与"花坛"相反，理念是利用开放空间承接和储存雨水，达到减少径流外排的作用。一般来说，低势绿地对下沉深度有一定要求，而且其土质多未经改良。与植被浅沟的"线状"相比，其主要是"面"能够承接更多的雨水，而且内部植物多以本土草本为主。下沉式绿地的收水原理是当雨水瞬时径流量小于绿地瞬时流量时，雨水径流会被绿地完全渗入地下，绿地需水量为零；当雨水瞬时径流量大于绿地瞬时流量时，则利用绿地下沉空间进行临时蓄水，滞留雨水径流量减小或雨停之后继续渐渐下渗。

图 1-20　下沉式绿地

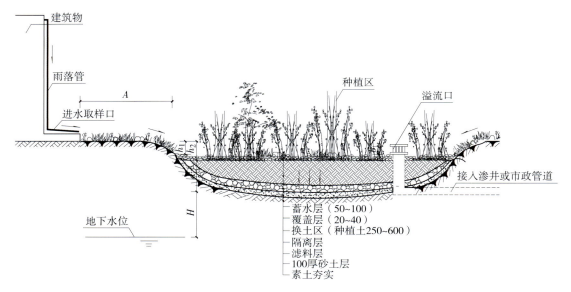

图 1-21 下沉式绿地剖面图

下沉式绿地底部距离最高地下水位 H 大于 1m 处，距离建筑基础水平距离 A 大于 3m，如果达不到距离要求就要对临建筑一侧增加防渗层等措施，避免对建筑周边基础造成侵害。下沉绿地的下沉深度 h_1 一般为 100~200mm，蓄水层 h_2 为 200~300mm，换土区及种植土层厚度 a 大于或等于 250mm；或下沉深度 h_1 的选择根据植物耐水性能和土壤渗透性能综合考虑确定。下沉式绿地内一般应设置溢流口（如雨水口），保证暴雨时径流的溢流排放顺畅，溢流口最低高度 b 一般高于绿地 50~100mm。下沉式绿地规模及设置位置灵活，规模小的可呈现水泡景观（图 1-22）。

图 1-22 水泡景观

4. 生态滞留区

生态滞留区所处位置多样化，包括简易型生态滞留区和复杂型生态滞留区（图 1-23、图 1-24）。如临近建筑设置简易型生态滞留区，用以存蓄屋面雨水管道排除的雨水，进行底层的植物净化过滤，涵养地下水；绿地底部与最高地下水位的垂直距离 H 小于 1m，与建筑基础的水平距离 A 小于 3m 时，可以设置复杂型生态滞留设施。又如在道

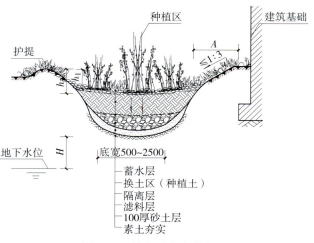

图 1-23 简易型生态滞留区

路一侧结合路边绿化带设置，道路纵坡度大于1%时，顺道路生态滞留区宜设置水堰或台坎；靠路基一侧需要进行防渗处理，溢流设施应高于水面100mm。又如在带有路缘豁口处设置的复杂型生态滞留区（图1-25），豁口尺寸和间隔距离需要按照当地雨量及道路坡度进行设定。复杂型生态滞留区的换土层深度应符合工程设计的水净化要求，选择具有相应耐水性能的植物（图1-26），为防止换土层随雨水流失，需要在换土层底部增设隔离层。

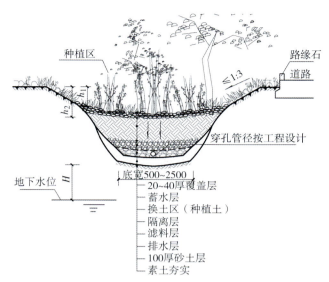

图1-24　复杂型生态滞留区

图1-25　带有路缘豁口处设置的复杂型生态滞留区

图1-26　具有相应耐水性能的植物

5. 雨水花园

雨水花园更为复杂一些，其内部植被复杂，要综合考量美学效果与污染物去除效果。雨水花园是一种有效的雨水自然净化处置技术，也是一种生态滞留设施。一般建设在地势较低的区域，通过天然土壤或更换人工土种植植物来净化、消纳小面积汇流的初期雨水。如果下部土壤经过改良，加装填料以强化污染物去除效果和渗透能力，则拥有较长的雨水停留时间，水污染物去除效果很好。雨水花园属于终端径流处理设施。

雨水花园除了能够有效地进行雨水渗透之外，还具有以下多方面的功能：

（1）能够有效地去除径流中的悬浮颗粒、有机污染物以及重金属离子、病原体等有害物质。

（2）通过合理的植物配置，雨水花园能够为昆虫与鸟类提供良好的栖息环境。

（3）雨水花园中通过其植物的蒸腾作用可以调节环境中空气的湿度与温度，改善小气候环境。

（4）雨水花园的建造成本较低，且维护与管理比草坪简单。

（5）与传统的草坪景观相比，雨水花园能够给人以新的景观感知与视觉感受。

雨水花园的设计要求结合美学效果，合理化搭配地面部分的植物。花园水源是雨水，所以随着季节性的变化产生了季节性的景观（图1-27）。其雨水季和枯水季的景观兼顾性尤为重要。除了雨水花园的植物以外，表层覆盖物也很重要，以卵石、树皮效果较好。

a) b)

图1-27 雨水花园景观
a）丰水景观 b）枯水景观

雨水花园的构造主要由五部分组成，自上而下依次为蓄水层、卵石（树皮）覆盖层、植被及种植土层、人工填料层和砾石层。

（1）蓄水层的深度和容量空间与上述的生态滞留区一致，一般为100~250mm深。

（2）卵石（树皮）覆盖层对雨水花园起着十分重要的作用，可以保持土壤的湿度，在北方干湿季节分明的地区尤为显著；在南方湿度终年较大的地区，砾石和树皮均可使用。当树皮在种植土上形成一定的厚度（一般采用70~80mm的厚度）时，内部会成为微生物生长和有机物降解的温床，而且有利于防止雨水径流的侵蚀。

（3）植被及种植土层是主要的吸附过滤层，根系提供吸附作用及有机物降解作用。其厚度根据种植植物的特征需求来确定，草本植物一般需要种植土250mm厚。植物的选择应该是多年生的,且具有较强短期耐水性能的,如景天、大花萱草等。

(4)人工填料层要求采用渗透性较强的材料。在不同地区应依据降雨特征和雨水花园要承担的面积来选择不同渗透系数的填料。当选用砂质土时,砂子占35%~60%,黏土不超过25%,此时渗透系数不小于0.30m/s;当选用炉渣或砾石时,渗透系数一般不小于10~5m/s。

(5)砾石层的砾石粒径不超过50mm,接近天然级配砂石,厚度为200~300mm。此时人工填料层和砾石层之间可以铺设一层砂层或土工布,用以防止填料和植被及种植土层随径流流失的情况。当有回用要求或排入其他水体时,可以在砾石层中埋入直径为100mm的集水穿孔半管。

6. 雨水湿地

雨水湿地(图1-28)的构建可以根据所要处理初期雨水的流域范围来配置大小。雨水湿地构造(图1-29)包括前置塘、水石笼、深沼泽区、浅沼泽区、出水池等几大区域。雨水湿地的进水口和溢流口都应设置卵石(图1-30)、消能坎等消能措施,防止水流冲刷和侵蚀。前置塘是对径流雨水进行预处理,塘底较深。深沼泽区水深一般为0.3~0.5m,浅沼泽区水深一般小于0.3m,出水池水深一般为0.8~1.2m,出水池的容积约为总容积的10%。雨水湿地的调节容积应保证其内部雨水在24h内排空。

图1-28 雨水湿地

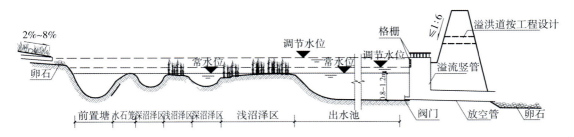

图1-29 雨水湿地构造

图1-30 用卵石减缓流速

7. 植草沟

植草沟（图1-31）又称为植被浅沟或生物沟，主要用于雨水的前处理或雨水的运输，用以代替传统的沟渠排水系统。总体上植草沟都是指标准传输型，雨水停留时间短，净化效果稍弱。植草沟断面形式（图1-32）宜采用倒抛物线形、三角形或梯形，边坡坡度小于或等于1∶3，纵坡度小于4%。纵坡度较大时可将植草沟纵向设置为阶梯或台坎。植草沟最大径流速度应小于0.8m/s，曼宁系数为0.2~0.3。作为传输型的植草沟，沟内植被高度要控制在100~200mm。

图1-31 植草沟

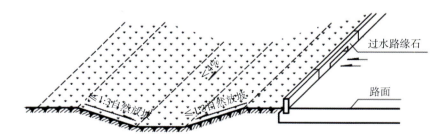

图1-32 植草沟断面形式

8.植被缓冲带

河岸植被缓冲带（Riparian Vegetation Buffer Strips）（图1-33）是指河岸两边向岸坡爬升的由乔木及其他植被组成的径流缓冲区域。其功能是削减径流污染，防止由坡地地表径流、废水排放、地下径流和深层地下水流所带来的养分、沉积物、有机质、杀虫剂及其他污染物进入河溪系统。植被缓冲带作为坡度较缓的带状植被

图1-33 河岸植被缓冲带

区，除了通过植被拦截及土壤下渗作用减缓地表径流流速、去除径流中的部分污染物外，还具有增加入渗能力、延长汇流时间的作用。

植被缓冲带（图1-34）主要包括碎石消能区、植被缓冲区、净化区三大区域。雨水自汇水面流入碎石消能区，碎石消能区汇水面宽度 W_1 大于2m，植被缓冲区坡度 i 为2%~6%，宽度 W_2 大于或等于2m；当坡度 i 大于6%时，雨水净化效果差。净化区可选择设置水系渗排管。植被缓冲区包括种植消能区、植物慢生区、植被快速生长区。

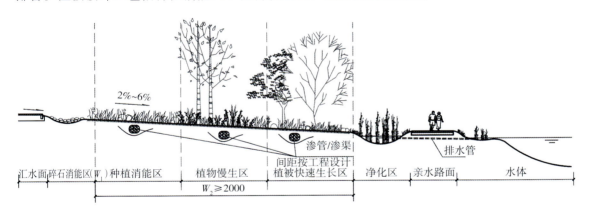

图1-34 植被缓冲带剖面图

植被缓冲带与径流分散和流速减缓设施合用是最理想的，应使雨水径流均匀地沿着植被缓冲带的最高处流下，避免流速较快的雨水集中汇入造成冲蚀，应设置植草沟等加以引导和控制。当边坡坡度较大时，植被缓冲带宜设置成梯田式。植被缓冲带一般位于低影响开发雨水系统的中游，主要适用于道路、停车场等不透水下垫面的周边。在进行植被缓冲带布局时，应尽量选择阳光充足的地方，以便在两次降雨间隔期内地面可以干透。

第二节 海绵城市范例

20世纪90年代以来，我国年降水量年际变异性增大、波动性增大、极端天气增多；平

均年雨日呈显著减少趋势，降雨日数减少；暴雨日数呈显著增加趋势，暴雨日数增加。面对城市化的快速发展与极端气候变化同时发生的情况，一方面河道缺水，另一方面河道水质差，造成河道上下游矛盾。城市下穿隧道是内涝的重灾区，传统方法靠泵站强排，然而面对天气的突变，雨水排放变成多次内涝，原有的排水系统难以承担未来的降水变异的增大量。

海绵城市的建设是灰色设施的充分利用以及原有绿色生态自我消纳能力的激活。首先是原始城市生态的保护，尤其是河流、湖泊、湿地、坑塘、沟渠等水敏感地区的保护，"山、水、林、田、湖"的保护是最重要的；其次是对原有高生态附加值的"山、水、林、田、湖"的恢复；最后是城市开发建设过程中的生态型开发，合理控制开发强度，在城市中保留足够的生态用地，控制城市不透水面积比例，最大限度地减少对城市原有水生态环境的破坏，同时，根据需求适当开挖河湖沟渠、增加水域面积，促进雨水的积存、渗透和净化。

海绵城市的建设需要系统思考，统筹协调，科学布局，最好能有规划，避免不科学的建设，要合理分配灰色设施与绿色设施的建设比例。特别是城市建设，不要一味地依赖绿色设施，绿色设施是一个生态却缓慢的雨水消解流程。因此它的最大功能在于生态处理初期雨水以及缓解瞬时暴雨峰值，城市建设不可全部依靠绿色生态进行消纳，绿色生态应是最重要的辅助措施之一。海绵城市的低影响开发建设对于径流污染控制、径流量削减、地下水补充等都有重要意义，但也不宜过分夸大其作用，尤其是在内涝防治方面的作用。

海绵城市的建设宜从大局入手，先考虑"山、水、林、田、湖"这些"大海绵"的问题，后考虑城市低影响开发这些分散的"小海绵"的建设。

要从生态文明，"山、水、林、田、湖"的角度去理解海绵城市，切不可矮化这一中国大智慧，片面肤浅地认为海绵城市就是穿衣戴帽、涂脂抹粉，将铺一些透水砖、修几个蓄水池、建几块下沉式绿地当成海绵城市。

一、北京奥林匹克公园

（一）项目概况

北京奥林匹克公园（图1-35）是在城市中心区建造的一套全覆盖、规模化、智能化、高标准的雨洪利用示范工程，其面积为 84.7hm² ⊖。其中，绿化面积为22.64hm²，透水铺装面积为17.16hm²，非透水铺装面积为19.13hm²，水系面积为16.47hm²，其他面积为9.3hm²。该项目通过多种措施达到了海绵城市项目的典范。

图1-35 北京奥林匹克公园

⊖ 1hm²=10000m²。

（二）海绵城市技术的综合应用

1. 基于水体自然净化的雨水利用

以下渗为主，回收为辅，先下渗净化，再回收利用，留在地下，留在绿地，留在水系，标准高——2~5年一遇24h降雨量（81~151mm）。

2. 下沉式绿地

下沉式绿地（图1-36）比周围路面或广场下沉50~100mm，路面和广场多余的雨水可经过绿地入渗或外排。增渗设施采用PP透水片材、PP透水型材、PP透水管材以及渗滤框、渗槽、渗坑等多种形式，绿地均通过地形设计，增强渗水能力。

透水铺装地面约17hm^2；下沉式地形17hm^2，滞蓄雨水，减少灌溉量；水系滞蓄16.5hm^2；雨洪集水池9个，容积为7200m^3；下沉花园蓄洪沟调蓄8000m^3；渗滤、收集管网长60多km；雨水利用新组件研发，共安装560套。

图1-36 下沉式绿地

3. 下沉花园

在2007年初施工期间、2008年奥运期间（1h降雨量为108mm）、2011年6月23日的暴雨（超过20年一遇标准）中，下沉花园各项设施运行正常，地面没有出现任何积水的现象（图1-37）。"6·23"暴雨后，蓄洪涵水深1.3m，蓄水容量约为4700m^3，水质清澈，可就近用于奥运水系补水。

图1-37 下沉花园

示范工程控制范围内，67mm以下日降雨量可实现无径流外排，全部滞蓄在区域内；小于33.55mm的次降雨量时，蓄水池收不到水。奥运后年平均雨洪利用总量为40万m^3，外排量为8万m^3，排放到奥运湖。收集的雨水主要用于绿化、喷洒道路路面、冲洗广场以及水系补水等。

历次暴雨未见任何积水，雨洪利用率高达80%。

4. 生态树池

生态树池（图1-38）为美观考虑，每棵树之间采用不透水铺装，其中掺有透水的沟槽收集雨水，沟槽由透水砖和透水垫层铺装而成，其下埋设透水花管，将水汇集到收集管道后引入专门的蓄水池存蓄，可用于绿地灌溉。

图 1-38　生态树池

二、青岛黄岛德国企业中心

以青岛黄岛德国企业中心项目为例,它以多专业配合的形式进行了室外环境景观手法构建的水循环系统的应用与尝试。

(一)项目概况

青岛中德生态园位于山东青岛经济技术开发区,青岛胶州湾西岸,第九个国家级新区——青岛西海岸新区北部。德国企业中心位于中德生态园的东部,胶州湾高速公路南侧,小珠山风景区西侧和牧马山生态通道的北侧。连接跨海大桥的胶州湾高速公路从园区穿过,交通便利,区位条件优越。

中德生态园的整体生态空间规划构建了生态廊道、环境防护空间、通风廊道、雨洪排放与调蓄空间等。由于德国企业中心位于水库湿地和湿地公园绿地斑块的边缘位置,面向东部原水库生态保护区(图1-39),毗邻河洛埠水库,将水库一角包含在内,使得该区域成为最重要的生态节点,是水库湿地和西部发展区的生态缓冲地带。

图 1-39　生态保护区

在资源利用循环生态方面打造可持续的城市水系统(图1-40)。从水系统的生态和可持续性出发,构建水源优化配置模型,合理配置新鲜水、再生水及雨水资源,实现水资源的高效、集约利用。非传统水资源利用率大于或等于50%，年雨水径流总量控制率大于或等于80%。

河洛埠水库（图1-41）周边散布村落，无明显特色。河洛埠水库原为二级饮用水库，除了总氮量略微超标，其余各项指标均能够满足《地表水环境质量标准》中的Ⅲ类标准。河水为三类水体，可供景观观赏游玩。水库中多为淡水鱼，草鱼、鲫鱼居多。

图1-40 可持续的城市水系统　　　　　　　图1-41 河洛埠水库现状照片

（二）景观手法构建的雨水循环设计理念及策略

1. 雨水循环设计理念

片区规划利用生态地理位置优势，以打造城区边缘生态枢纽为设计理念，重点打造包含城市空间、生态现状、山水现状、功能需求在内的综合型生态枢纽。其中的水环境规划延续上位区域水环境规划格局，景观专业与给水排水专业配合实施，片区内合理尝试低影响开发建设模式，优化室外水专业的设备配置，多元利用环境资源，强化可持续性和本地的承载能力。通过景观手法构建自然生态的排水系统，充分利用河洛埠水库的水体蓄养能力，通过生态策略实现雨水的自然蓄存、自然渗透、自然净化和可持续水循环，辅助提高雨洪应对能力，将建筑占地占据的可控雨水水体偿还于自然水体。

2. 规划雨水自循环系统

在4.6hm^{2}的德国企业中心场地中，片区内雨水的来龙去脉确定了有针对性的雨水循环流程（图1-42）。

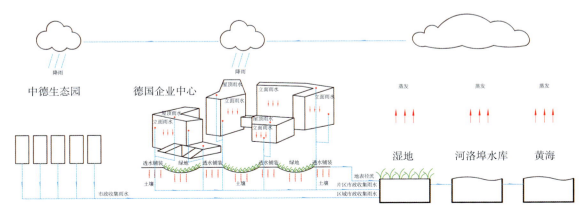

图1-42 雨水循环流程

（1）依托建筑排放的雨水循环流程：包括屋面雨水、建筑立面雨水及中庭花园雨水。屋面雨水有组织地收集和排放；在草地边缘的建筑立面雨水落入景观设计的导流排水沟；建筑中庭花园雨水，经地表排水沟及种植池过滤，再经地下室顶板的找坡排水板流入建筑排水管。以上雨水最终顺排至地下排水管道，排水管道中的雨水经沉沙缸过滤及人工湿地后排入河洛埠水库，最终流入黄海。

（2）地表雨水循环流程：场地铺装材料也可部分承载中小雨的初期雨水；透水铺装、大面积的绿地及生态洼地具有一定面积的蓄存雨水能力，对调蓄暴雨的初期雨水起到一定的作用。这一部分雨水回归土地并回养了土壤。另一部分地表径流的雨水排入地下排水管道，排水管道中的雨水经沉沙缸过滤及人工湿地后排入河洛埠水库，最终流入黄海。

（3）区域雨水循环流程：德国企业中心作为片区的重要生态节点，不仅需要调蓄场地自身的雨水，还承担着生态园片区内的雨水排放压力。生态园片区通过市政管网收集（图1-43）雨水，驳岸中共有三处出水口，一处是区域市政雨水管线（共三根），另两处是片区小市政雨水管线出水口。三处管径为600mm的钢管以此处湿地驳岸为管网末端将雨水排入水库（图1-44）。水库中的水自南向北最终汇入黄海。

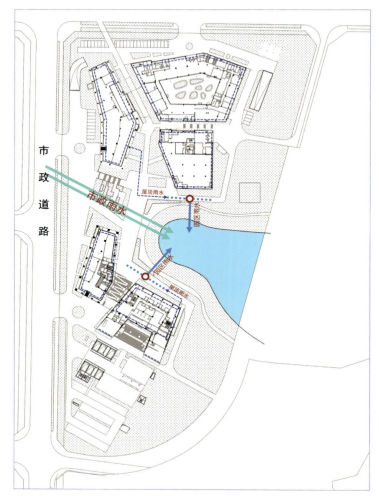

图1-43　市政管网收集雨水

图1-44　三处管径为600mm的钢管以此处湿地驳岸为管网末端将雨水排入水库

（三）从不同的景观元素角度合理化室外雨水的处理技术措施

在雨水的各循环流程中，通过景观绿色基础设施来解决初期雨水的问题，可以归纳为"小海绵"问题。

为了最大限度地收集雨水，在园区内部应用了一系列景观技术措施处理汇入场地的雨水，削减地表径流污染，回补地下水，减小市政管网的排水压力，同时向水库排放经植被净化的雨水。归纳为对雨水的滞、蓄、净、排手法的综合实地应用，其中包括竖向设计、透水铺装设计、屋顶绿化收集过滤雨水、植被设计净化雨水、生态洼地的设置等。

1. 竖向设计

对地形进行有效利用和改造梳理，片区改造前（图1-45）为自然绿化用地，片区改造后（图1-46）地形被嵌入硬化地面，因此就需要将绿化面积最大化，广植各类乡土植被，作为建设用地开发后对河洛埠水库生态的补偿。地块整体竖向以呈现原始地貌、避免干扰水库水体为原则进行设计。

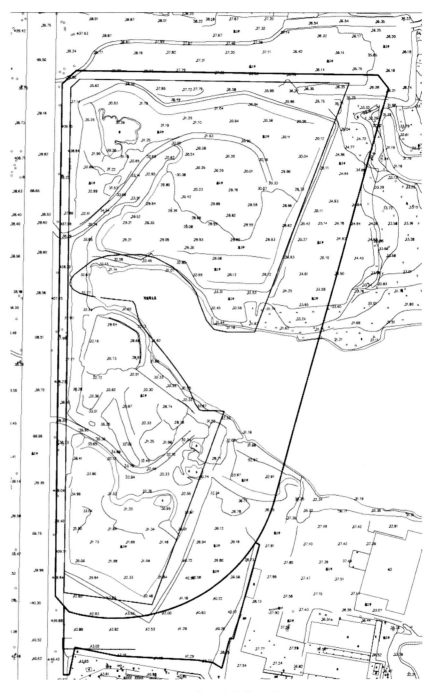

图1-45 片区改造前地形图

通过绿地里面的竖向设计正确引导雨水流向。东侧绿地南岸、北岸形成植被缓冲带，完成雨水净化后使其流入水库。地块其余铺装场地向水库找坡，大部分地表径流都可以通过雨水管网收集后通过湿地排入水库。

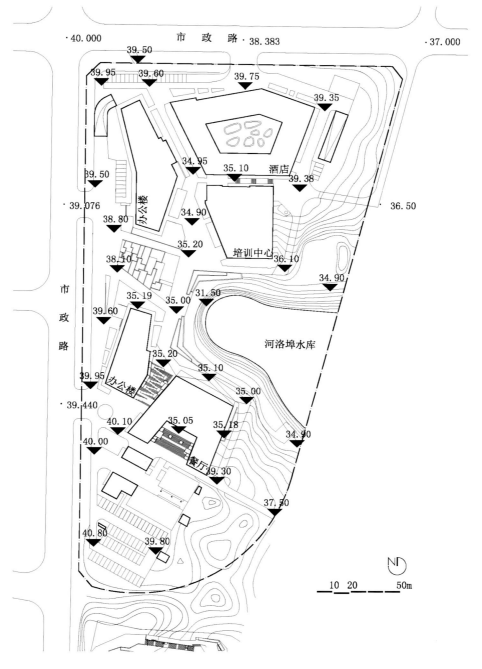

图 1-46 片区改造后地形图

2. 透水铺装设计

铺装硬化路面上做了部分雨水收集措施,雨水在汇入水库之前需要经历两道净化。首先,雨水经排水管道接入水库边缘的埋地式沙缸,进行初步沉淀;经过初步沉淀过滤后的雨水通过驳岸中的出水口流入湿地进行第二道净化。

透水铺装自身的良好渗水性是雨水回养土地的直接途径。透水铺装垫层的横向输水通道有效缓解地下水回渗对地基的远期危害，以及使底层构造雨水饱和之后回流至河洛埠水库，保证了区域内总体雨水的回流平衡。

在铺装材料的选择上，除了部分建筑檐口以内、重要出入口位置、台阶等选用石材，其他均选用透水材料如露骨料混凝土（图1-47）、植草砖（图1-48）、木地板。透水铺装的使用比例达到了40%。项目建成后经证实，在雨天成功地减小了地表径流流量。

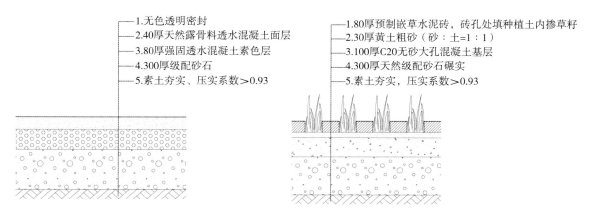

图1-47　露骨料混凝土构造　　　　　图1-48　植草砖构造

3.屋顶绿化收集过滤雨水

屋顶绿化是城市的第五立面，本项目中的屋顶绿化面积比较大，除酒店屋面为铺设的光伏板以外，其余全部采用了屋顶花园的模式，所以屋顶花园是收集雨水的一个重要渠道。屋面铺装全部为木地板，雨水直接落在找坡层排入建筑雨水沟。屋面种植采用无机轻质土，满荷载为650kg/m²。种植系统下层雨水通过200g/m²的无纺布经排水板导流至建筑预留雨水口（图1-49）。雨水经雨水管流入景观排水系统并最终汇入水库。

坡屋顶及平屋顶花园（图1-50）承接大面积雨水的景观方式结合了原有雨水排出的方式，仍旧是以植物作为最好的雨水过滤媒介。屋顶花园的设计尽可能地提供大面积的种植区域，植物选用了耐旱的植物品种。

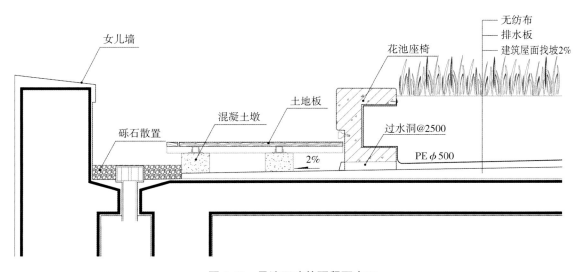

图1-49　导流至建筑预留雨水口

图 1-50 平屋顶花园

屋面水及建筑立面水排入景观水系统时采用了不同的景观节点处理方式。利用多种排水构件与景观铺装结合，与草地结合，以及利用卵石的掩饰进行设计（图 1-51~图 1-53）。

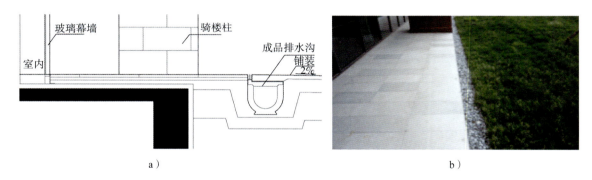

图 1-51 雨水明沟接草地泛水

a）剖面图 b）现场图

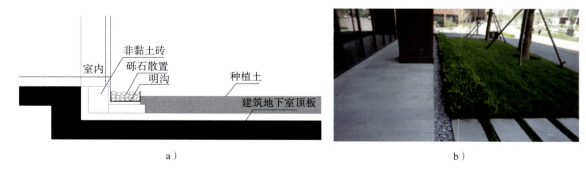

图 1-52 雨水明沟导流承接建筑立面排水（一）

a）剖面图 b）现场图

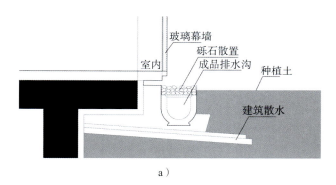 

a） b）

图 1-53 雨水明沟导流承接建筑立面排水（二）

a）剖面图 b）现场图

4. 植被设计净化雨水

为了最大限度地减小土地开发对水库原有生态系统的破坏，景观设计从驳岸和植物设计上以对水库生态系统扰动最小为原则进行修复设计，维护原有生态系统。

利用植被对水体的净化作用，使流入水库的水成为净水是景观手法的特色。丰富的植被搭配形成植被缓冲区净化体系，临近驳岸处形成小型雨水净化湿地（图 1-54）。

图 1-54 临近驳岸处形成小型雨水净化湿地

一方面，雨水自天上降落之后，植物缓冲区（图 1-55）最大面积的绿地区临近道路以大型乔木作为顶覆盖，与林下灌木一起形成第一道净化，渐进到疏林草地区；疏林草地区以地被为主进行雨水净化，直至驳岸和湿地区域，为第二道净化。另一方面，片区和区域市政管线收集的雨水也通过地被层的净化后排入水体，充分发挥了地被层的净化作用。地被植物的搭配以植物生长习性相近为原则，根据生境与水库的远近关系，将地被划分为四种类型，即组合 A、组合 B、组合 C、组合 D，对应生境分别为干 - 半干、半干 - 潮湿、半湿 - 潮湿、湿生。

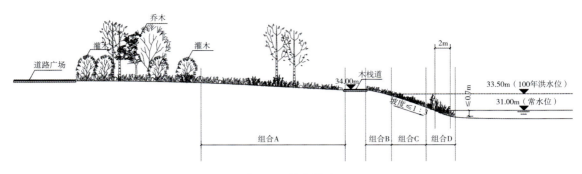

图 1-55 　植物缓冲区

同时，种植设计与驳岸设计相结合。驳岸设计以百年一遇洪水位 33.50m 为依据，在此高度上沿驳岸设计亲水木栈道，标高为 34.00m。水库周边的广场道路标高均控制在百年一遇洪水位以上。驳岸设计坡度小于或等于 1∶3，做法为分层夯实。以木栈道为界，远离湖区方向为组合 A，面向湖区方向为依次为组合 B、组合 C、组合 D。

其中，组合 A、组合 B、组合 C 的种植形式为草花混播。草花混播（图 1-56）是指人为筛选 1~2 年生、多年生花卉，经人工调和配置并通过混合播种建立的一种模拟自然并富于景观效果的形式。本项目选用草花混播，可以在净化雨水的同时形成自然的景观风貌，形成从人工向自然的过渡。另外，草花混播具有建立和管理投入少、养护成本低等优点，除了能达到色彩丰富、花期持久的景观效果外，其优越的生态效益也是其他种植形式不能比拟的。其所具有的自我更替能力和丰富的物种多样性十分有利于保护本地野生物种，同时还能为昆虫、小动物提供栖息地，十分有助于地块生态修复。

播种选用人工播种方法，在 2015 年 7 月进行第一次播种，正值德国企业中心开业在即。后根据长势情况，于 2016 年进行补播。由于草花混播植物种类的选择需要综合考虑种间关系、植物盖度、景观效果等诸方面因素，各种花卉在组合中的比例是野花组合应用技术的核心。本案例的草花混播效果尚需持续观察，才能对长远景观效果及维护难度做出定论。

图 1-56 　混播花种

组合 D 的植物种类选择以挺水植物为主，主要包括水蓼、水葱、德国鸢尾、花叶芦竹、狭叶香蒲、千屈菜、芦苇、再力花等。一方面，水生植物可以抑制藻类生长，过滤杂质，起到净水的作用。例如，芦苇对水中悬浮物、氯化物、有机氮、硫酸盐均有一定的净化能力，水葱能净化水中酚类。另一方面，水生植物的根区为微生物的生存和营养物质的降解提供了必要的场所和好氧条件，形成良好的栖息地和生态系统。

整个植被缓冲区以生境特征为设计依据，综合考虑景观使用功能和视线组织要求，形成了富于四季变换的自然的景观效果。

驳岸出水口的设计采用了自然叠石处理，一方面减缓瞬时水流对驳岸的冲击，减少水土流失；另一方面能够将一部分杂质过滤沉淀，以免在出水口周边造成泥沙沉积，影响周边植物生长。与水生植物搭配种植，形成了自然、田野的景观效果。

5. 生态洼地的设置

生态洼地可以过滤地表径流中的残渣和污染物，同时生态洼地可以补偿地下水（图1-57）。地块内共设置了三处生态洼地。其中两处在地块东南侧的大片绿地内，这里根据地形进行地表径流组织，收集地表雨水。主要植物种类有黄菖蒲、花叶芦竹、细叶芒等，生长状况良好（图1-58）。

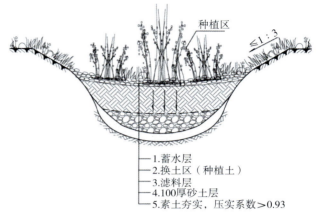

图1-57 生态洼地补偿地下水

图1-58 长势良好的生态洼地

在停车场周边也设置了生态洼地,收集大面积铺装路面上的地表径流雨水及雨水管中的水(图1-59)。选择的植物为花叶芦竹和鸢尾。同时,生态停车场(图1-60)增设溢流口,为极端天气做好准备工作。

 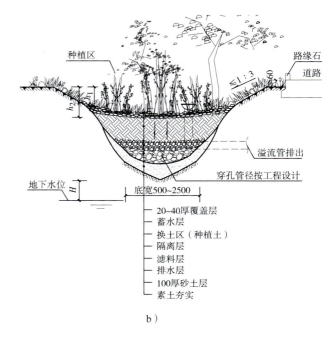

a) b)

图1-59 车库边生态洼地

a)车库边生态洼地承接雨水管 b)车库边生态洼地及溢水口剖面图

图1-60 生态停车场

三、小结

以青岛黄岛德国企业中心项目为例,建设海绵城市区域时,以多专业配合的形式构建水循环系统,明确设计实操步骤,运用可行的景观技术措施。

(1)景观总体构建水循环系统之初需要了解区域水环境的总体规划格局,有利于正确指导片区的水循环系统设计路线。

(2)分析项目基地自身特征,从现状优势出发,利用规划片区的水循环系统设计。景观手法多以生态技术进行水循环的处理，对现状的优势加以延伸。

（3）明确景观技术与传统建筑、水专业之间的主次关系，以及作为何种角色担负室外排水系统的责任。例如相关的技术措施中，景观生态手法的应用处于配角，即负责的是在总体排水排洪设备化之外的调蓄能力的弹性空间，而并非承担主要的排水排洪责任。

（4）明确项目区域内水环境的来龙去脉，合理运用景观化技术措施进行处理。无论运用硬质景观还是软质景观进行干预，水环境的去处都应是尽量回馈于自然，作为生态补偿。

第二章 园林景观水景给水排水设计

一、水景与水处理的历史

首先让我们对"水"有一个初步的认识,水资源具有循环性、有限性、时空分布不均匀性、不可替代性、经济上的利害两重性五种特性。近代人类对水的发展历程可以简要总结如下:

20 世纪 60 年代以前:修建水库、堤防、整治河道。

20 世纪 60 年代:发展给水处理技术。

20 世纪 70 年代:发展污水处理技术。美国专家在 A/O 工艺的基础上,再加上除磷工艺形成了 A2/O 工艺。

20 世纪 80 年代:统一管理水质、水量、环境、景观的指标。我国 1986 年建厂的广州大坦沙污水处理厂,采用的就是 A2/O 工艺,当时的设计处理水量为 15 万 t,是当时世界上最大的采用 A2/O 工艺的污水处理厂。

20 世纪 90 年代:注重节水,以人水和谐共处为目标保护水资源。提高了水资源的可持续利用,保障了经济社会的可持续发展。

21 世纪:重视环境用水、生态用水,水域生态修复理论和技术的研究使得水环境的保护变得更加有战略意义。

空气中悬浮的水滴,具有净化大气、减少空气中的尘埃、调节空气湿度、调节气温等生态功效,此外针对城市造景工程,水还有着艺术上的体现。水具备空间园林景观效应,例如,水对于空间的拓展——规模较大、面状的水,在环境空间中有一定的控制作用;水对于空间的引导——小规模的水池或水面,在环境中起着点景的作用,成为空间的视觉焦点,从而起到引导作用;水对于空间层次的影响——水景作为视觉对象会有丰富的视觉层次。

自古以来,水景就是园林设计中的一个重要元素,也是人们生活和娱乐离不开的元素。中国的造园工艺自古就离不开水。早在周文王时期,先秦官苑内就有灵沼作为人造水景,养鱼放鹤。秦汉时期形成"一池三山"布局模式,并一直影响着后来景观园林水的发展。然而景观水的来源、处理、去向都是由给水排水措施来实现的。

古代的皇家园林水面很大,必然要引江水、河水、湖水、海水入园构成一个完整的活水系统。如秦始皇引渭水为兰池;汉代的上林苑外围有"关中八水"及上林苑的昆明池、如祀池、郎池、东陂池、镐池、蒯池等池沼水景,由建章宫的"太液池"提供水流;北魏的华林苑引漳水入天泉池；唐代的曲江池引滻河经黄渠入园；元、明、清代的北京三海、颐和园昆明池，均利用自然水源，以扩大园林水面，其主要的水工做法是通渠引流。

二、东西方水景类型

东方水景以独具特色的儒家哲学及山水哲学为核心成为独具魅力的水景。在日本，水以平静而著称，所以池塘很常见，即使在没有水的地方，也会利用"枯山水"（图2-1）的手法表达他们对水的向往。

西方水景以欧洲为例。欧洲的水景艺术在古希腊及古罗马的艺术范畴基础上进行了创造性的发展与传播，理水技巧也不甚复杂。水池常作为承载空间背景，池中的雕塑本体成为水景的文化寓意体现，注重雕塑本身的艺术性，水池却比较简洁。文艺复兴时期，欧洲园林发展出现新的飞跃。开始注重视觉效果，跳跃、飞溅的水花结合装饰性的雕塑，给观赏者带来视觉上的享受和震撼力。欧洲城市水景大多设于街道交叉口和广场中心，是视觉中心和公共活动集中场所的背景，构成了生动的城市园林景观（图2-2）。

图 2-1 日本"枯山水"设计

图 2-2 许愿池（西方水景）

与欧洲豪华、奢侈的水景风格相比，伊斯兰风格的水景注重的是以少量的水来体现丰富的内涵。水在伊斯兰教文化中，是极其珍贵的，具有精神上的象征意义。虽然它在物质空间上是以少量的水控制大面积的庭园，但在精神上给人更大的感染力，达到以少胜多的最佳效果。下面，本书仅针对园林景观水景效果方面，介绍一些给水排水设计常识。

第一节　喷泉的分类、作用及布置要点

1. 人工自然水景

人工自然水景（图2-3）是利用地势或土建结构，仿照天然水景（图2-4）修建而成的园林景观。溪流、瀑布、人工湖、养鱼池、泉涌、跌水等，这些在我国传统园林中有较多应用。

图2-3　人工自然水景绘制　　　　　　　　图2-4　天然水景拍摄

2. 水景的水形

水景的水形多种多样，自然水景主要有静水潭、泉涌、瀑布、跌水等；人工水景主要有静水面、喷泉、溢水、跌水、叠水、吐水、水钵、水雾等。下面对其中几种进行简要介绍。

（1）瀑布。在落水工程中，常仿照自然界的瀑布、跌水而进行人工设计，形成更加细腻的人工水景景观。天然瀑布是由于整体河床中的陡坎造成的蓄水跌水的过程，由于水量的大小不同、陡坎的高低不同，形成了不同的瀑布景观。通过人工手段，可以达成的瀑布形式有丝带式、幕布式、阶梯式、滑落式等。

人工瀑布的构造包括上游水源、落水口、瀑身、水潭。出水的水源做法可为一个水槽。在水槽中往往为了均匀出水而使用多孔管（又称花管）供水，其水流流速一般按照0.9~1.2m/s计算。水槽的宽度一般不小于200mm，深度不小于300mm。

落水口又称为水堰口，为保证瀑身的形态，平滑度越高要求堰口的平滑度就越高，无论是人工材料还是天然石材均要求打磨平整。当瀑身水膜要求很薄时，在同样的流速控制下，堰口建议采用金属或玻璃作为堰唇细化堰口。

水潭的功能是承接瀑布跌落的水，其横向宽度要略大于瀑布的宽度，长度要避免瀑布跌水落下四溅的可能，水潭的长度等于或大于瀑布高度的2/3，最小不能小于1m。为了缓冲落水的压力，水潭的深度不小于300mm，此时在水下可设置景观照明灯具。

水专业配合景观专业最重要的工作就是通过水工计算达到既定的瀑布景观效果。首先是供水方式和水力的计算。瀑布的成景效果取决于水源的充足，遇到自然水源自是很好的源头，然而人工瀑布多数是在水潭内设置潜水泵进行水体循环供水，同时净化水体，少数大型瀑布可以采用离心泵，将其设置在假山后面的泵房之中。

选择好水源就可以按照瀑布需要的规模进行设计了。瀑布按照落差低、中、高三种高度分为小型、中型、大型瀑布。小型瀑布为2m落差以内的瀑布，中型瀑布落差为2~3m，大型瀑布落差为3m以上。天然的小型瀑布（图2-5）比人工的小型瀑布（图2-6）来得灵动;天然的中型瀑布(图2-7)比人工的中型瀑布(图2-8)来得浑厚;天然的大型瀑布(图2-9)比人工的大型瀑布(图2-10)来得磅礴。然而天然瀑布又是千姿百态的(图2-11),人工瀑布却多变精巧(图2-12)。

图 2-5　天然的小型瀑布

图 2-6　人工的小型瀑布

图 2-7　天然的中型瀑布

图 2-8 人工的中型瀑布

图 2-9 天然的大型瀑布

图 2-10 人工的大型瀑布

图 2-11 千姿百态的天然瀑布

图 2-12 多变精巧的人工瀑布

在以上的人工瀑布中，人为控制瀑布的水量会得到不同的听觉、视觉感受。在一定高度的瀑布中，水量的大小决定了瀑布的感受效果。如3m高的人工瀑布，水膜厚度越厚越能感到气势，当落水堰口的水膜厚度小于5mm时，水流会贴壁而下；水膜厚度为5~10mm时，会形成一般抛物线跌水；水膜厚度大于10mm时，才会出现气势磅礴的瀑布效果。反之，水膜厚度一定时，落差越大，达到相同效果时需要的水量越大。

图2-13　跌水以台阶状的形式跌落

瀑布的水力计算中，瀑布流量Q等于瀑布体积V除以瀑布跌落的时间t，即$Q=V/t$（L/s）。计算后根据流量Q选择对应的水泵型号，水泵的扬程应大于落差高度，尽量选用大流量的水泵，以便可以通过水管的调节阀来控制水量。

（2）跌水。跌水和瀑布都是落水造成的景观，而跌水是指规则形态的落水景观，多与建筑、景墙、挡土墙等结合。瀑布与跌水表现了水的坠落之美。瀑布之美是原始的、自然的，富有野趣，它更适合于自然山水园林；跌水则更具形式之美和工艺之美，其规则整齐的形态，比较适合于简洁明快的现代园林和城市环境。跌水以台

图2-14　有高差的区域或曲或直的台阶界面

阶状的形式跌落（图2-13），形成多级的小瀑布。一般会结合地形进行设计，在有高差的区域或曲或直的台阶界面（图2-14）形成丰富的跌水形态；再加之具有艺术感的跌水面处理如水石项链戴安娜王妃纪念水环（图2-15），使得水似乎具有了完美的身形。

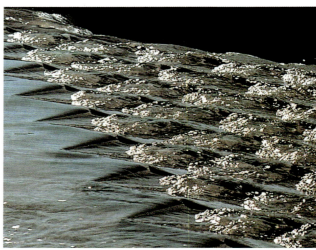

图 2-15　水石项链戴安娜王妃纪念水环

跌水与瀑布的水工设计原理具有一样的出发点，一样的工作流程，流动的水都是依靠水泵循环起来的。水量的控制依然是水景成败、经济与否的关键。

跌水的每一个跌落形式都是水景中堰口溢流的效果，连续起来从而形成了叠水的效果。顺水方向的堰口宽度为堰顶宽，即阻止水流跌落的宽度。水流控制水舌的长度，水舌即水溢流后向前涌出的距离。水舌的长度大于下一级台阶的宽度时，水表现跃过的状态（图2-16）；如果水舌长度过短，会形成水流贴壁流下（图2-17）的效果。

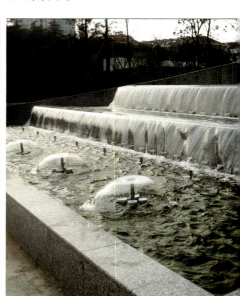

图 2-16　水表现跃过的状态　　　　　　　　　　图 2-17　水流贴壁流下的效果

一般情况下，跌水流量越小则水舌越小，长期开放水景经济效益较为合理；但在不增加流量的情况下，为使水舌增大，可以在堰口的位置增加一段檐口，加宽堰顶宽度并突出堰口，使水舌有一定的增加以达到水流不贴壁流的状态。

（3）叠水。水体分层连续流出或呈宽大台阶状流出，称为叠水。叠水也就是水的重叠分层处理，是园林景观设计中经常用到的一种水景处理方式。叠水与台阶式跌水的不同之处在于，叠水有水流横向蔓延开再跌落的走势，是在一个平层充满溢出的水景，水流态势缓慢均匀，但水量大；而跌水的水流运动去向是向前的，没有横向流动的过程，急流或壁流是跌水常有的状态，可通过人工调节水量改变水的运动态势。天然形成的叠水（图2-18）堰口由石垒而成，水流形态自然，或从石缝中流出，或在石平台上漫溢而出（图2-19）。人工的叠水（图2-20）设计可以是完全效仿自然的叠水形式，也可以是错综复杂的人工叠水关系（图2-21），形成颇为不同的叠水盛景。叠水的水量计算与跌水相近。

图 2-18　天然形成的叠水

图 2-19　水在石平台上漫溢而出

图 2-20　人工的叠水

图 2-21　错综复杂的人工叠水关系

（4）喷泉。喷泉是一种将水或其他液体经过一定压力通过喷头喷射出来，具有特定形状的组合体，可分为水泉和旱泉。其完全依靠喷泉设备造景。各种各样的喷泉如音乐喷泉、程序控制喷泉、旱地喷泉、雾化喷泉等是近年来才在建筑领域广泛应用的，但其发展速度很快。从造型上可分为模仿实体造型的"自然仿生基本型"（图2-22），水幕式、连续跌落的"人工水景造型"（图2-23），烘托雕塑装饰型（图2-24），以及配随音乐控制伴随音乐舞动的喷泉（图2-25）等。

图 2-22 仿生气爆喷泉

图 2-23 水幕式喷泉

第二章 园林景观水景给水排水设计
Chapter 2

图 2-24 雕塑喷泉

图 2-25 伴随音乐舞动的喷泉

喷泉的管网设计主要包括输水管、配水管、补水管、溢水管、泄水管等管路设计。

喷泉中还有一种形态是水流从喷头涌出，水量及扬程都相对较大，并且是点对点式的喷出落下，这样的喷泉称为跳泉（图 2-26）。

图 2-26 跳泉

(5)吐水。水从墙壁、动物(如鱼、龙)等雕塑口中喷出,形象有趣(图 2-27)。

图 2-27 吐水喷泉

(6)水钵(图 2-28)。水钵主要用于城市的装饰和美化。它的出现使城市的园林景观增加了美感，丰富了城市居民的精神享受。作为城市的组成部分，水钵一般建立在城市的公共场所，既可以单独存在，又可与建筑物结合在一起。水钵的造型多样化，有动物雕刻水钵、人物雕刻水钵、圆形水钵、方形水钵等各种造型。水钵适用于建筑装饰、园林装饰，以及娱乐场所、宾馆酒店、别墅室外装饰、广场等场所。

（7）水雾（图2-29）。利用高压造雾系统将净化后的水滴以1~15μm（0.001mm）的细雾形式喷射出来，似自然雾飘浮在空中，亦真亦幻，让人如身临仙境，心旷神怡。喷雾产生的大量负离子，能使空气新鲜湿润，改变局部小气候；雾气在迅速蒸发时吸收热量，达到降温、造景、净化空气的效果。人造冷雾在自然园林、环境景观中应用广泛，主要适用于公园、舞台、休闲场所、喷泉等场所。

水景设计应根据总体规划布局、建筑物功能和周围环境的具体情况进行。选择的水流形态应突出主题思想，与建筑环境融为一体；发挥水景工程的多功能作用，降低工程投资，力求以最小的能量消耗达到良好的观赏和艺术效果。

3. 喷泉的分类、作用

随着喷头设计的改进、喷泉机械的创新以及喷泉与电子设备、声光设备等的结合，喷泉的自由化、智能化和声光化都将有更大的发展，将会带来更加美丽、更加奇妙和更加丰富多彩的喷泉水景效果。

（1）程控喷泉（图2-30）。将各种水形、灯光，按照预先设定的排列组合进行控制程序的设计，通过计算机运行控制程序发出控制信号，使水形、灯光实现多姿多彩的变化。

图2-28　水钵

图2-29　水雾

图2-30　程控喷泉

图 2-31 旱泉

(2) 旱泉(图 2-31)。喷泉放置在地下,表面饰以光滑美丽的石材,可铺设成各种图案和造型。水花从地下喷涌而出,在彩灯照射下,地面如五颜六色的镜面,将空中飞舞的水花映衬得无比娇艳,使人流连忘返。停喷后,不阻碍交通,可照常行人,非常适合于宾馆、饭店、商场、大厦、街景小区等场所。

(3) 跑泉(图 2-32)。跑泉适合于江、河、湖中及广场等宽阔的地点。计算机控制数百个喷水点,水柱随音乐的旋律超高速跑动,或瞬间形成排山倒海之势,或形成委婉起伏波浪式,或组成其他形式的水景,衬托景点的壮观与活力。

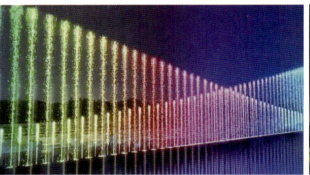

图 2-32 跑泉

(4）层流喷泉（图2-33）。层流喷泉又称波光喷泉，采用特殊层流喷头，将水柱从一端连续喷向固定的另一端，中途水流不会扩散，不会溅落。白天就像透明的玻璃拱柱悬挂在天空；夜晚在灯光照射下，如雨后的彩虹，色彩斑斓。适用于各种场合与其他喷泉相组合。

（5）趣味喷泉。趣味喷泉的形式有很多种，以下简要介绍几种常见的趣味喷泉样式。

1）子弹喷泉：在层流喷泉基础上，将水柱从一端断续地喷向另一端，如子弹出膛般迅速准确地射到固定位置，适用于各种场合与其他喷泉相结合。

2）鼠跳喷泉（图2-34）：一段水柱从一个水池跳跃到另一个水池，可随意启动，当水柱在数个水池之间穿梭跳跃时即构成鼠跳喷泉的特殊情趣。

3）时钟喷泉（图2-35）：用许多水柱组成数码点阵，随时反映日期、小时、分钟及秒的运行变化，构成独特趣味。

4）游戏喷泉（图2-36）：一般为旱泉形式，地面设置机关控制水的喷涌或由音乐控制，游人在其间不经意碰触到，则忽而这里喷出雪松状水花，忽而那里喷出摇摆飞舞的水花，令人惊喜连连。其可嬉性很强，适合于公园、旅游景点等场所，具有较强的营业性能。

图 2-33　层流喷泉

图 2-34　鼠跳喷泉

图 2-35　时钟喷泉

图 2-36　游戏喷泉

图 2-37 音乐喷泉

5）乐谱喷泉：用计算机对每根水柱进行控制，其不同的动态与时间差反映在整体上即构成形如乐谱般起伏变化的图形，也可把七个音阶做成踩键，控制系统根据游人所踩旋律及节奏控制水形变化，娱乐性强，适用于公园、旅游景点等场所，具有营业性能。

6）喊泉：由密集的水柱排列成坡形，当游人通过话筒时，实时声控系统控制水柱的开与停，从而显示所喊内容，趣味性很强，适用于公园、旅游景点等场所，具有极强的营业性能。

（6）音乐喷泉。音乐喷泉（图2-37）是在程序控制喷泉的基础上加入音乐控制系统，计算机通过对音频及信号的识别，进行译码和编码，最终将信号输出到控制系统，使喷泉及灯光的变化与音乐保持同步，从而达到喷泉水形、灯光及色彩的变化与音乐情绪的完美结合，使喷泉表演更生动，更加富有内涵。

（7）激光喷泉（图2-38）。配合大型音乐喷泉设置一排水幕，用激光成像系统在水幕上打出色彩斑斓的图形、文字或广告，既渲染美化了空间，又起到宣传广告的效果。适用于各种公共场合，具有极佳的营

图 2-38 激光喷泉

业性能。激光表演系统由激光头、激光电源、控制器及水过滤器等组成。其控制系统由多媒体计算机、高速控制驱动组件及多媒体激光动画节目组成。

（8）水幕电影（图2-39、图2-40）。水幕电影是通过高压水泵和特制水幕发生器，将水自上而下高速喷出，雾化后形成扇形"银幕"，由专用放映机将特制的录影带投射在"银幕"上，形成水幕电影。当观众在观摩电影时，扇形水幕与自然夜空融为一体；当人物出入画面时，好似人物腾起飞向天空或自天而降，产生一种梦幻的感觉，令人神往。

图 2-39　水幕电影　　　　　　　　　　　　图 2-40　3D 水幕电影

4. 喷泉的布置要点

在选择喷泉位置，布置喷水池周围的环境时，首先要考虑喷泉的主题、形式，要与环境相协调，将喷泉和环境统一考虑，用环境渲染和烘托喷泉，并达到美化环境的目的；或借助喷泉的艺术联想，创造意境。其次要根据喷泉所在地的空间尺度来确定喷水的形式、规模及喷水池的大小比例。

在一般情况下，喷泉的位置多设于建筑、广场的轴线焦点或端点处，也可以根据环境特点，做一些喷泉水景，自由地装饰室外的空间。喷泉宜安置在避风的环境中以保持水形。喷水池的形式有自然式和整形式。喷水的位置可以居于水池中心，组成图案，也可以偏于一侧或自由地布置。

第二节　喷泉水景的表现形式——喷头

喷头是形成水流形态的主要部件，它的作用是把具有一定压力的水变成各种预想的、绚丽的水花，喷射在水池的上空。因此，喷头的形式、制造的质量和外观等，都对整个喷泉的艺术效果产生重要的影响。

喷头因受水流的摩擦，一般多用耐磨性好，不易锈蚀，又具有一定强度的黄铜或青铜材料制成。为了节省铜材，近年来也使用铸造尼龙制造喷头，这种喷头具有耐磨性好、自润滑性好、加工容易、轻便、成本低等优点；但存在易老化、使用寿命短、零件尺寸不易严格控制等问题。

目前，国内外经常使用的喷头样式可以归结为以下几种类型。

1. 万向直射喷头

万向直射喷头（图 2-41）是喷泉中使用最频繁的喷头。其水柱晶莹剔透，线条明快流畅，水柱可随音乐节拍而高低起伏，幽雅别致。该喷头可在垂直与水平方向自由调节角度，加上水压变化，根据不同欣赏要求，可组合出各种高低、角度不同的喷射效果（图 2-42）。多个喷头组合可喷出不同形状的组合效果。

图 2-41　万向直射喷头

图 2-42　高低、角度不同的喷射效果

2. 集束喷头

集束喷头（图 2-43）由许多万向直射喷头组合而成。当这些喷头规格型号相同时，喷出的水形雄壮顺直、壮观美丽；当这些喷头规格型号不完全相同时，大小喷头协调布置，喷出的水形粗壮有力、层次分明、主题突出，是喷泉的主要水景。

3. 欧式冰柱喷头

欧式冰柱喷头（图 2-44）喷水时外观宏大丰满，雄壮挺拔，抗风能力较强。这种喷头广泛用于广场和公共场所的喷水池中。

图 2-43　集束喷头

图 2-44 欧式冰柱喷头

4. 雪松喷头

雪松喷头（图 2-45）能喷出雄伟壮观的巨大水柱，外观效果庞大丰满，抗风能力较强，给人以无穷的力量和磅礴的气势。该喷头底部有可调节机构，可适用于不同角度喷射的要求。此喷头广泛用于广场和公共场所的喷水池中。

图 2-45 雪松喷头

5. 玉柱喷头

玉柱喷头（图 2-46）喷嘴口外高速水流形成的负压吸入空气，产生白玉色的水柱，形状清新明快。其抗风能力强，造型壮观，格调高雅，配以绚烂美丽的灯光效果更佳。

图 2-46　玉柱喷头

6. 涌泉喷头

涌泉喷头（图 2-47）喷水时将空气吸入而形成丰满的水丘，水声较大，气氛强烈，并带有白色膨胀的泡沫，呈白色不透明状，具有很好的吸光性能。其抗风能力强，对水位有一定的要求。变化的水位会形成更加丰富的喷射高度，极富动感。涌泉喷头分为带吸气管和无吸气管两种。

图 2-47　涌泉喷头

7. 水晶球（蒲公英）喷头

水晶球（蒲公英）喷头（图 2-48）是由许多细小支管的小喷头连接在中心球体上而组成一个放射状球体，形似绽放的蒲公英，洁白无瑕；多规格组合喷水时配以绚烂的灯光，其效果相当富丽豪华，喷水花样的雾状程度可通过调节每个小喷盖而达到不同要求。该喷头对水质要求较高，水源处应采取过滤措施。此水形抗风能力强，主要适用于室外喷水池中。

8. 旋转（盘龙玉柱）喷头

旋转（盘龙玉柱）喷头（图2-49）的旋转力由喷水时水流的离心作用和反作用推动产生，喷射时水柱交替飞舞，呈360°旋转式摆动，如蛟龙盘玉柱，婀娜多姿。旋转（盘龙玉柱）喷头在旋转过程中喷水射流始终呈螺旋状曲线，好似轻盈的少女，扭动青春妙体，情趣盎然，极富浪漫与温馨之感。

图 2-48　水晶球（蒲公英）喷头

图 2-49　旋转（盘龙玉柱）喷头

9. 礼花喷头

礼花喷头（图 2-50）形如莲蓬。其喷水造型外观形似一束鲜花，又似燃放的礼花，造型美观，引人注目。

图 2-50　礼花喷头

10. 扇形喷头

扇形喷头（图 2-51）既适用于室内，又适用于庭院广场喷水池，在无风条件下能达到最佳效果，其喷洒面积及角度可通过对阀门及球形接头的调节达到欣赏要求。

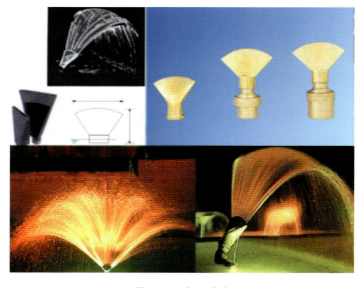

图 2-51　扇形喷头

11. 指状喷头

指状喷头（图 2-52）是在扇形喷头体上安装一排或两排可调节小喷嘴，喷水造型如凤尾舒展，流彩动人。

图 2-52　指状喷头

12. 蘑菇（半球、钟形）喷头

蘑菇（半球、钟形）喷头（图 2-53）的喷水水膜薄而均匀，且用水量少，水声极小，造型优美，形似蘑菇，给人一种清净安逸之感。通过调节阀门及顶部喷盖可选择最佳喷水形状。

图 2-53　蘑菇（半球、钟形）喷头

13. 喇叭花喷头

喇叭花喷头（图 2-54）利用折射原理，其水形外形美观，喷出的水膜均匀，水声较小，在室内和庭院的喷水池中应用较广泛，在无风和一定的水压条件下，可产生美丽完整的喇叭花形。该喷头可安装阀门调节水量，同时调节喷头顶盖，以获得最佳水形效果。

图 2-54 喇叭花喷头

14. 雾喷头

雾喷头（图 2-55）体内受高压作用使水体在空中散发成极细小的晶莹水珠，呈雾状密布四周，使得空气纯净而湿润。其形如天然晨雾，浮游飘荡，朦胧之美与神秘之感油然而生。配以灯光与周围环境相协调可达到极佳效果。

图 2-55 雾喷头

第三节　喷泉中常见的基本水形

喷泉水形是由喷头的种类、组合方式及俯仰角度等几个方面因素共同造成的。喷泉水形的基本构成要素，就是由不同形式喷头喷水所产生的不同水形，即水柱、水带、水线、水幕、水膜、水雾、水花、水泡等。由这些水形按照设计构思进行不同的组合，就可以创造出千变万化的水形设计（表 2-1）。

表 2-1　水形图例

序号	名称		水形	备注
1	单射形			单独布置
2	水幕形			布置在直线上
3	拱顶形			布置在圆周上
4	向心形			布置在圆周上
5	圆柱形			布置在圆周上
6	编织形	向外编织		布置在圆周上
		向内编织		布置在圆周上
7	篱笆形			布置在圆周或直线上
8	屋顶形			布置在直线上
9	喇叭形			布置在圆周上
10	圆弧形			布置在曲线上
11	蘑菇形			单独布置
12	吸力形			单独布置，此形式可分为吸水形、吸气形、吸水吸气形
13	旋转形			单独布置
14	喷雾形			单独布置
15	洒水形			布置在曲线上
16	扇形			单独布置
17	孔雀形			单独布置
18	多层花形			单独布置
19	牵牛花形			单独布置

水形的组合造型也有很多方式，既可以采用水柱、水线的平行直射、斜射、仰射、俯射，也可以使水线交叉喷射、相对喷射、辐状喷射、旋转喷射，还可以用水线穿过水幕、水膜，用水雾掩藏喷头，用水花点击水面等。从喷泉射流的基本形式来看，水形的组合形式有单射流、集射流、散射流和组合射流等多种。

水池的水形分析案例（图2-56）：

水景（含中心主喷）共六级。中心主喷采用 $DN50$ 口径集束喷头，可设置三圈出水口，喷射高度为8m。

第一圈采用 $DN40$ 口径雪松喷头，喷射高度为6m，间距1m。

第二圈采用 $DN25$ 口径雪松喷头，喷射高度为4m，间距0.8m。

第三圈采用 $DN25$ 口径欧式冰柱喷头，喷射高度为2m，间距0.6m。

第四圈采用 $DN40$~$DN20$ 口径万向纯射流喷头，竖直上喷，喷射高度为0.8m，间距0.6m。

第五圈采用 $DN25$~$DN12$ 口径万向纯射流喷头，45°向内上方向喷射，喷射高度为0.6m，间距0.4m。

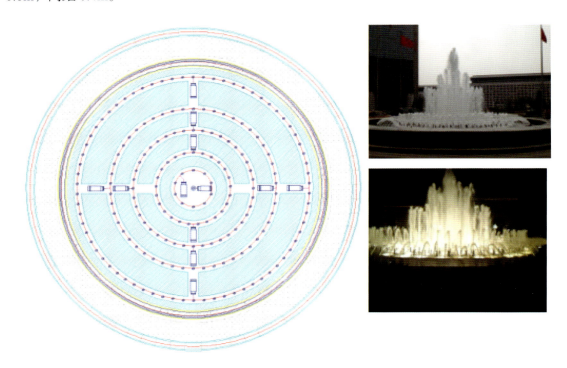

图2-56　水景喷水设备图及实景图

第四节　园林景观水质维护

环境水质维护及水治理的类别包括流域综合治理与生态修复、城市河道水污染治理与生态修复、城市水源地水的净化与生态修复、城市公园景观水体治理与生态修复、产业园区景观水体治理与生态修复、房地产景观水体治理与生态修复几方面内容。

在宏观层面，流域治理的总体目标是达到水生态平衡。运用水调度方法解决总体水量问题，通过截污纳管、构建海绵城市、生态修复水质解决点、面内源黑臭污染，防洪排涝等方面的具体措施，以及经过科学的管理有效减少易发生洪涝灾害的水安全问题，同时在景观水体的建设中补充了水体文化的缺失。

由于不同城市的市政基础条件不同，应整合不同的截污条件，并运用不同的技术措施，从而达到不同的治理目标。河湖治理总体分成两阶段，第一阶段是黑臭的处理，表面截污率达到70%~80%时，河湖水体不黑不臭。采用的技术有基底改良技术、水质控制调节技术、超微曝气技术、生态浮岛技术，以及在易发生洪涝灾害的地方构建水域生态环境。第二阶段是发挥环境的自净能力。

园林景观水质首先要求清澈、无色、无异味。水景观如果没有良好的水质做保证，就谈不上美感。为此，在夏季日照正常的地区，一般7~15天需换水清理一次。其原因一是尘土飘落导致浊度升高，二是因为藻类滋生使浊度与色度影响观感，以至达到感官难以接受的程度。

研究表明，当水中总磷浓度超过0.015mg/L，氮浓度超过0.3 mg/L时，藻类便会大量繁殖，从而成为水质恶化的首要原因。水体体积超过100m³建议设置水体净化设备。

园林景观水体是一个复杂的生态系统，影响景观水感官的因素包括物理因素如悬浮物、藻类因素（蓝绿藻）、微生物因素（腐败菌）等，以及化学因素如溶氧、富营养物质等。水质调控型环境修复剂是液体微生物菌剂，能有效降低水中氮、磷含量，降低水体营养状态指数，调节水生态系统藻相平衡，减少蓝绿藻爆发风险，保持水质稳定，提高水体安全性。

超微曝气技术主要通过水动力原理，将空气均匀切割成微纳米气泡，实现曝气、推流、去臭味、降解COD的功能。与传统的曝气相比，超微曝气技术水体溶氧含量更高，钙在水中的溶氧停留时间更长，消耗的能量也比传统曝气低。

高效生态浮岛即在人工浮岛的基础上，融合生物接触氧化技术，通过增加微生物的附着面积，提高有机污染物分解效率，并利用浮岛植被吸收氮、磷营养元素。

植物净化技术中表现突出的巨紫根小柄叶水葫芦（紫根水葫芦），是由普通野生水葫芦通过GPIT技术（作物基因表型诱导调控表达技术）不断诱导、调控、培育、选择而产生的根系较发达的新品种植物。紫根水葫芦独特的生理功能特征使其对氮、磷等营养元素具有较强的吸收能力，对富营养化水体治理效果显著。

净化一体机是采用先进的载体微生物净化技术、微孔纳米管曝气增氧技术，利用推流、循环原理将微生物扩散到水中，不仅能吸收、转化、降解、清除水中的黑臭污染物，还能随着循环水流到达池底，将淤泥分解成CO_2和水，解决河道清淤难题。

单一的技术处理是不能完全解决水质问题的，要采用综合技术手段，通过构建完整的水域生态系统（图2-57），充分利用生态系统自净的能力优势，才能从根本上解决园林景观水"水清""水美"的问题。时下流行的水域生态构建技术就是基于水生态系统构建的综合技术，通过对水体生态链的调控，实现水生态系统中生产者（以沉水植被为主的水生植被系统）、消费者（水生动物系统）、分解者（有益微生物系统）三者的有机统一，保证生态链完整稳定、物质循环流动，从而实现水域的自净，其综合治理效果远远优于目前使用的单一技术。

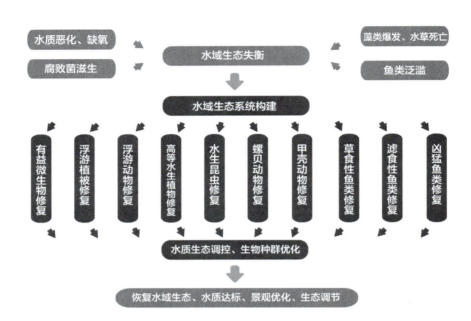

图 2-57　构建完整的水域生态系统

下面介绍两个水域生态构建技术工程实例。

1. 奥林匹克公园龙形水系水生态修复示范工程

奥林匹克公园龙形水系水生态修复示范工程（图 2-58、图 2-59）全长约 2.7km，水域总面积为 16.5 万 m^2，治理面积为 3 万 m^2，平均水深 1.5m，补充水源为清河再生水厂中水。治理前水体发黑，伴有蓝绿藻爆发，黑苔等问题较为严重。

该工程应用了水域生态构建技术，4 个月形成稳定的水下生态群落，水体的自净能力大大提高，水质稳定保持在国家地表四类水以上标准。

图 2-58　奥林匹克公园龙形水系水生态修复（治理前）

图 2-59 奥林匹克公园龙形水系水生态修复（治理后）

2. 内蒙古多伦县龙泽湖下游河道水质保障工程

内蒙古多伦县龙泽湖下游河道水质保障工程（图 2-60、图 2-61）属于流域综合治理工程。该项目位于内蒙古多伦县内，属于滦河流域的一条支流，治理面积为 28 万 ㎡，浅滩水深 0.5~2.5m，深潭水深 3~4m，补充水源为雨雪水。治理前老城区 5000m³/d 生活污水直排，水质不稳定，水面蓝绿藻爆发，黑苔泛滥，水面垃圾较多。

该工程采用底质改良技术、水质调控技术和生态浮岛技术，治理 2 个月后，水体水面异味消除，有效控制了藻类、黑苔爆发，呈现出水天一色的美丽景观。

图 2-60 内蒙古多伦县龙泽湖下游河道水质保障工程（治理前）

图 2-61　内蒙古多伦县龙泽湖下游河道水质保障工程（治理后）

第五节　水景工程中的给水排水专业配合

水景工程中的给水排水专业配合主要是通过动力设备配合将水景的形态表达出来的。动态水景如瀑布、溪流、喷泉，静态水景如溢流镜池等，一般都由水泵提供水源动力，通过不同的流量设计、扬程设计合理计算形成理想的水体涌动效果。

1. 水景工程中的给水排水专业配套组成部分

水景工程中的给水排水专业配套组成部分（图2-62）包括给水设施、溢流设施、泄水设施、水泵设施。

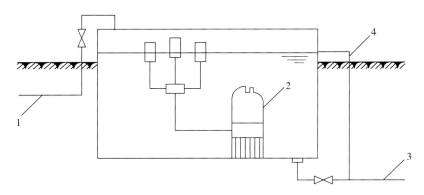

图 2-62　水景工程中的给水排水专业配套设备工作示意图

1—给水管　2—潜水泵　3—泄水管　4—溢流管

（1）给水设施。给水设施包括进水井、进水水位控制器、进水管、进（补）水口（图2-63、图2-64）等设施，为整个水景提供水源及日常运行过程中的补水量。

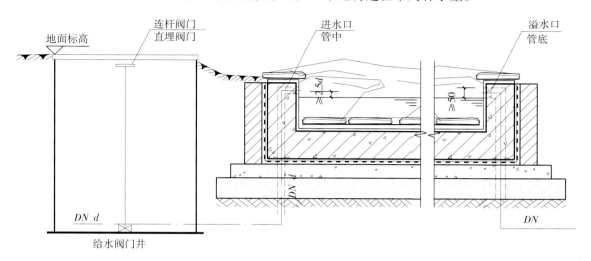

图 2-63　明进水水池示意图

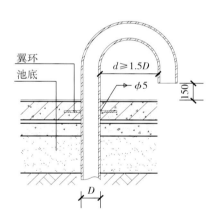

图 2-64　池下安装防尘进水口

在景观的构造图中，进水部分的管道位置与水位线有相应的要求。进水口需要采用景观水防污染措施，明进水口管中到水面的距离应大于或等于 $2.5d$（d 为进水口管径），如进水口管径为 25mm，则管中距离水面就应大于或等于 62.5mm。暗补水要在阀门井中加倒流防止器，当采用生活饮用水作为补充水源时，应考虑防止回流污染的措施。

（2）溢流设施、泄水设施（溢水口、泄水口）（图 2-65~图 2-67）。二者均属于排水设施。溢水口是控制水位的重要设施，能保证水景中的水体维持在设计常水位，避免过量补水或降雨导致的水位过高现象。泄水口用于冬季防冻或有泄空需求的水池中，一般位于池底的最低处或泵坑中；它能够将水景中的水体完全排出，以满足设备检修、冬季养护的要求。在给水排水专业中，计算距离时，给水一般以管中计算，而排水以管底计算。溢流属于排水，在无浮球阀控制水位时，溢流水管可贴常水位液面设置控制水位；有浮球阀时，浮球阀的安装要预留 300mm 高度。

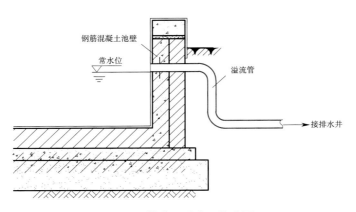

图 2-65 静水面溢水口构造图

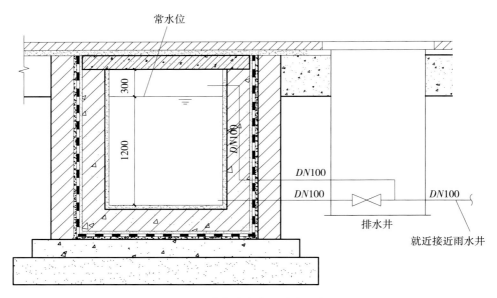

图 2-66 暗水池泄水、溢水示意图

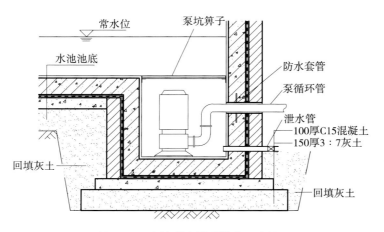

图 2-67 水池泄水景观构造示意图

（3）水泵设施。水泵设施包括潜水泵和旱泵。在室外水景设计中，由于水泵大部分时间处于启动状态，因此应选用潜水泵；而室内的水箱及消防水池，多数是非启动状态，因此应选用旱泵。

水景工程循环水泵宜采用潜水泵，直接设置于水池底。循环水泵宜按不同特性的喷头、喷水系统分开设置，其流量和扬程按照喷头形式、喷水高度、喷嘴直径和数量，以及管道系统的水头损失等经计算确定。

对于潜水泵，应保证吸水口的淹没深度不小于0.5m；池底应设1%的坡度坡向集水坑或泄水口，在池周围宜设置排水设施。此外，水池附近的地表水不应排入池内，坡度要向外将水排到雨水设施中；但旱喷池边应至少有600mm的表面坡向池内，使溅溢出的水流回水池中。瀑布跌落型水景为了防止水溅，下水池的宽度要大于瀑布高度的2/3。

2. 水景的给水排水设计原则

需要特别注意的是水景的给水排水设计原则（图2-68），即水体循环及水量平衡。水体必须是由小水体跌入大水体，潜水泵置于大水体中（图2-68a）。如果因实际情况及园林景观效果限制，则需要设置暗水池进行转换。另外还需要保证水体的水量平衡，水景水体为循环水，水泵抽到上级水体的水量必须流回该泵所在的水体内；切记不可设计成为不可控的水体循环（图2-68b）。不平衡的水体循环是可以进行平衡转化的，可以将上级水体根据下级水体的系统分开，保证水景循环水量的平衡（图2-68c）；也可将下级水体进行连通，以保证下级水体之间的水体可以相互平衡，但这是有前提条件的，即在下级水体常水位标高一致的情况下才可以进行转换（图2-68d）。

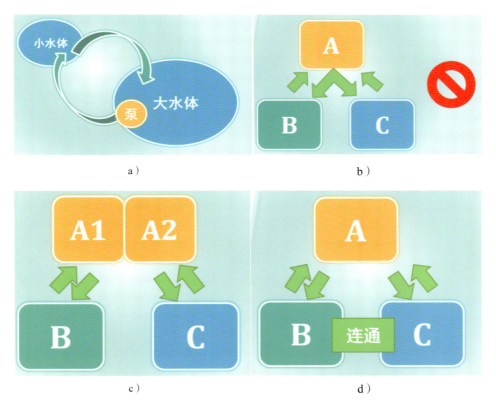

图2-68 水体循环及水量平衡原理图

3. 给水排水专业中的常用管材

常用管材主要有镀锌管、无缝钢管、不锈钢管、铸铁管,以及 PVC、PE 塑料管材等。最常用的是镀锌管和无缝钢管;喷泉水质要求较高时,采用不锈钢管;铸铁管在管径大于 250mm 时常用作输水干管; PVC 管具有高强度、轻巧方便运输、管件齐全及耐腐蚀性强等优势,但管材脆性强,易破损。

第六节 水景给水排水设计案例分析

一、案例一——跌水、叠水及涌泉水景的给水排水配合(图 2-69~图 2-71)

案例一中的水景效果主要有跌水、叠水及涌泉。涌泉所在的水体位于整个水景系统的最下级水池,这既满足了涌泉喷头安装所需水深的要求,也为整个水景循环提供了足够的循环水量。选择一台流量为 $65m^3/h$ 的水泵供下级水景中的涌泉即可;水景系统的最上端设计了一个叠水的水盘,由流量为 $40m^3/h$ 的水泵供给,同时也为水景系统的两级跌落提供水源,但不能满足跌水成膜的效果,因此在水景的最上级还需要补充 $65m^3/h$ 的循环水量以满足水膜效果。此外,该案例中出现了补水花管的设施,其实质就是一根开满小孔的管道,在其两端可加装管堵,让水均匀地从管道上的孔中流出。设置花管补水的优点在于可降低补水末端压力,且补水均匀,敷设在池底花管槽内或卵石中不影响整体美观效果,让观景人不易察觉补水点的位置。

图 2-69 案例一实景图

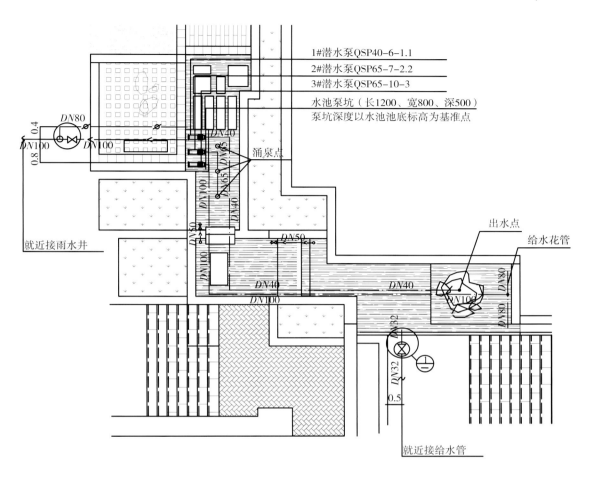

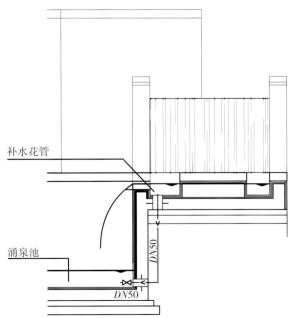

图 2-70 案例一给水排水平面图

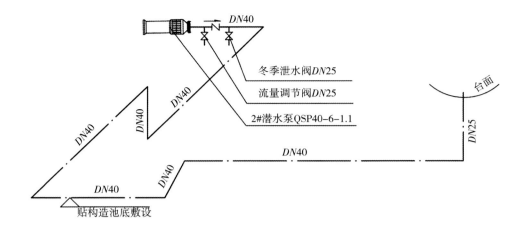

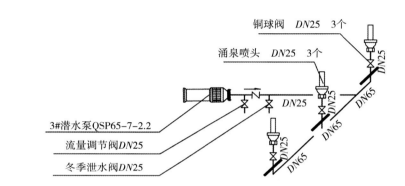

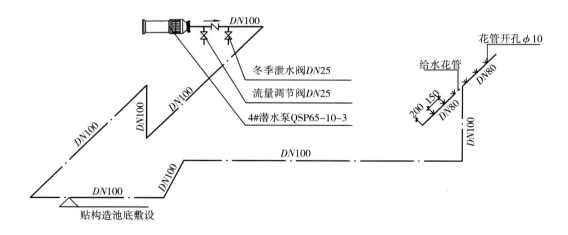

图 2-71 案例一给水排水系统图

二、案例二——吐水水景的给水排水配合（图 2-72、图 2-73）

案例二中的水景效果为吐水。其形式分为两种：一种为景墙兽头式吐水，另一种为从地面向水池中喷射。如果对水柱洁净度要求不是很高，可采用万向直射型喷头；如果对水柱洁净度和完整性要求很高，应采用波光喷头。兽头吐水系统采用一台流量为 $10m^3/h$ 的循环水

泵供给 $DN40$ 的万向直射喷头；地面上共有 8 个喷水点，采用流量为 $15m^3/h$ 的循环水泵供给 8 个 $DN20$ 的万向直射喷头。值得注意的是，当有一台水泵同时供给多个出水设备时，需要在每个出水设备前端加装分控阀门，这样就能解决由于管道压力损失造成的压力不均和总体效果不一致的问题。

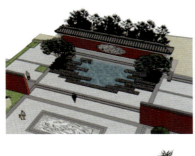

a）

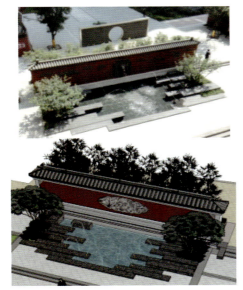

b）

图 2-72　案例二水景效果图

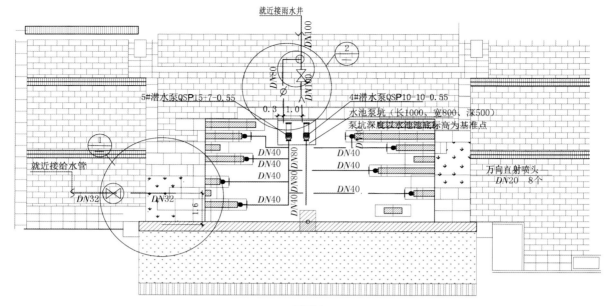

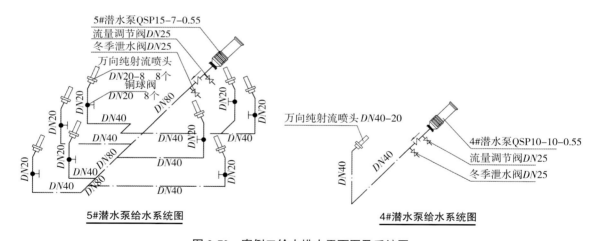

图 2-73 案例二给水排水平面图及系统图

三、案例三——水钵水景的给水排水配合（图 2-74~图 2-76）

案例三为典型欧式风格的水钵水景，这类水景的给水排水专业主要需要和景观专业确定水钵的形式和跌水效果。以该案例中的水钵为例，其上端设计为一个分层式喷泉效果，下方共有两层水盆。在顶端选择三层花喷头满足喷泉及上层小水盘的跌水水量；下层由于水盘叠水所需水量较大，则需要单独设置补水系统。总之，水钵水景的形式多种多样，还需要与水钵厂家进行沟通，确定水钵的泄水方式及管路位置等配合条件。

图 2-74 案例三实景图

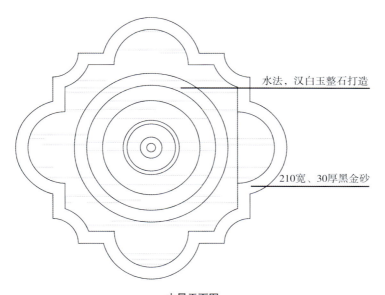

水景平面图

水景立面图

图 2-75 案例三给水排水平面图、立面图、剖面图及系统图

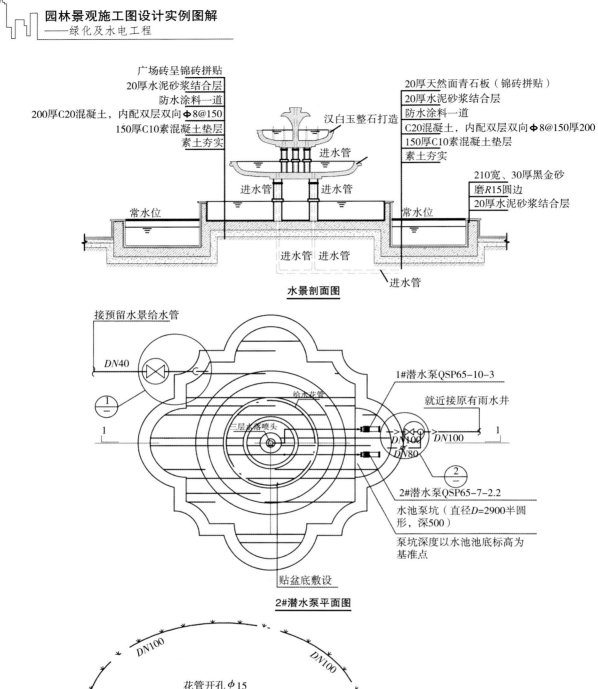

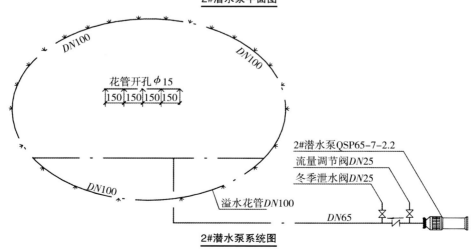

图 2-75 案例三给水排水平面图、

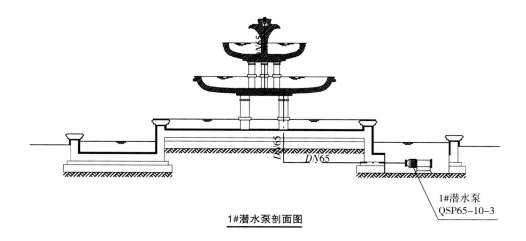

1#潜水泵剖面图

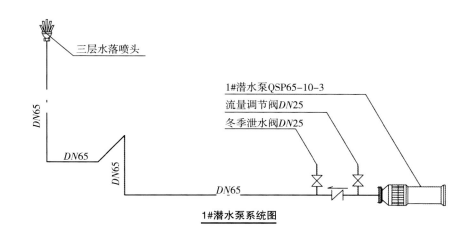

1#潜水泵系统图

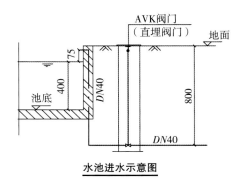

水池进水示意图

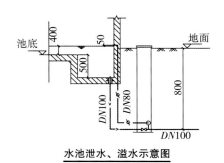

水池泄水、溢水示意图

立面图、剖面图及系统图（续）

图 2-76　案例三实景图

四、案例四——跌水及涌泉水景的给水排水配合（图 2-77~图 2-79）

案例四中结合了跌水墙与涌泉的水景效果，层次分明。跌水墙的补水来源通常采用花管，在景墙顶端设置花管槽，槽深建议设置 200mm，使水体可以稳定地从槽顶溢流而出。景墙跌水对整条出水口的标高要求比较严格，在设计水量小、水膜薄的情况下，只有将跌水面施工纯平才能达到水体均匀跌落的效果。

图 2-77　案例四实景图

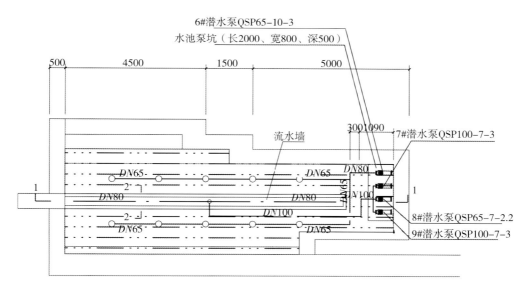

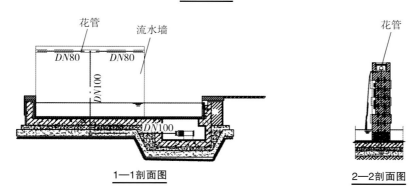

图 2-78 案例四水专业平面图、剖面图

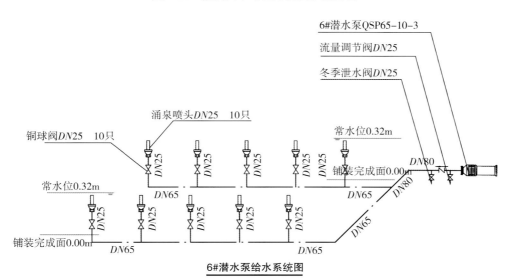

图 2-79 案例四给水排水专业路由图

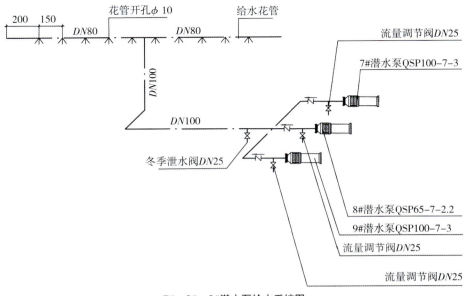

7#、8#、9#潜水泵给水系统图

图 2-79 案例四给水排水专业路由图（续）

五、案例五——涌泉、喷泉及跌水水景的给水排水配合（图 2-80~图 2-83）

案例五是涌泉、喷泉及跌水的组合水景。此水景周边涌泉数量较多，类似这种喷泉设备集中的情况，建议将配水管道设置成环状管网，环状管网中水压近似相等，可以尽可能地将每个出水口之间的压力差降到最小。

图 2-80 案例五水景效果图

第二章 园林景观水景给水排水设计
Chapter 2

图 2-80 案例五水景效果图（续）

图 2-81 案例五水景实景图

长水池顶平面图

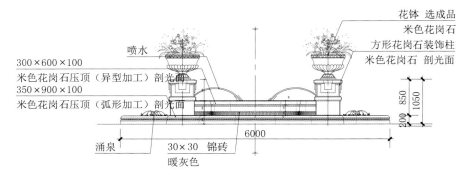

长水池侧立面图

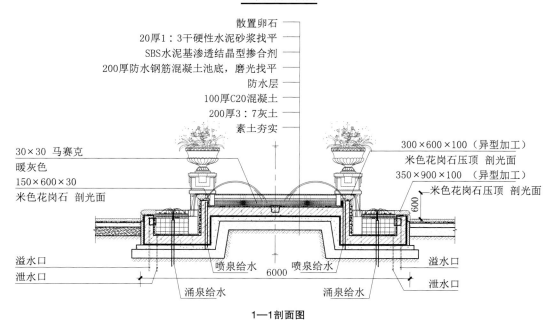

1—1剖面图

图 2-82 案例五景观条件图

第二章 园林景观水景给水排水设计
Chapter 2

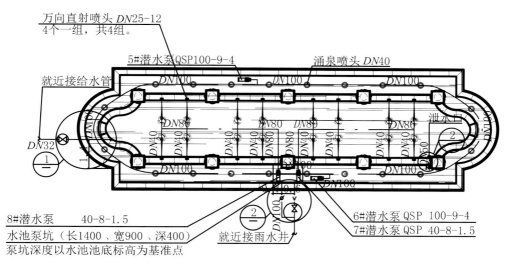

水池二给水排水平面图

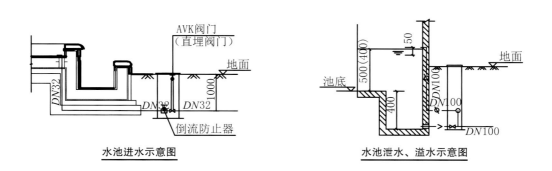

水池进水示意图　　水池泄水、溢水示意图

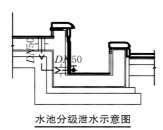

水池分级泄水示意图

图 2-83　案例五给水排水平面图及系统图

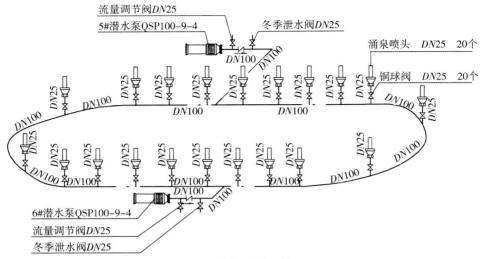

5#、6#潜水泵给水系统图

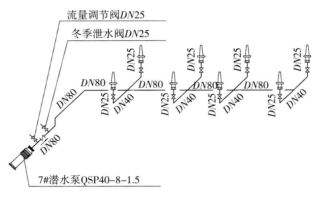

7#潜水泵给水系统图

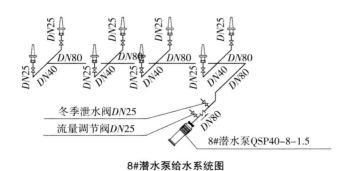

8#潜水泵给水系统图

图 2-83 案例五给水排水平面图及系统图（续）

六、案例六——跌水墙与水桌面水景的给水排水配合（图 2-84～图 2-86）

案例六为跌水墙与水桌面的组合水景，设计中经常遇到大面积水体向四面卵石槽内跌水的情况，需要加设暗水池来保证水体的循环流量。设置暗水池时需要综合考虑，确定周边覆土深度、管线情况等是否满足暗水池的建造要求；另外，暗水池需要设置自动补水系统，避免由于无法观察其中水量造成潜水泵的损坏。如果暗水池的池底标高低于附近雨水井的井底标高，则需要设置动力潜水泵对池水进行泄空；动力潜水泵需要设置液位控制计，低于300mm水位需要自动停泵。

图 2-84　案例六水景效果图

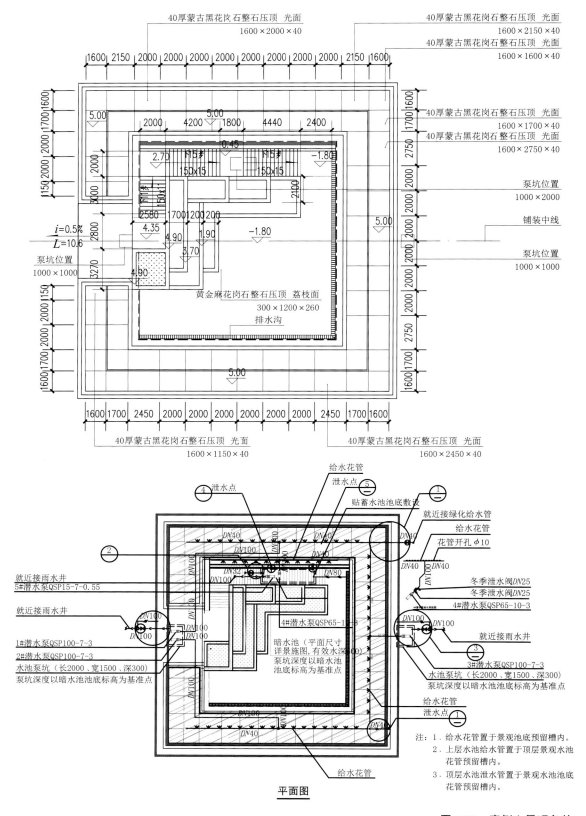

图 2-85 案例六景观条件

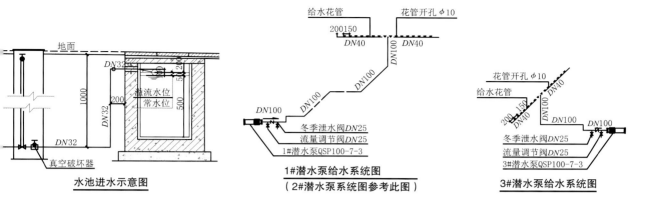

水池进水示意图　　1#潜水泵给水系统图（2#潜水泵系统图参考此图）　　3#潜水泵给水系统图

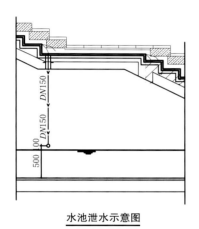

水池泄水示意图

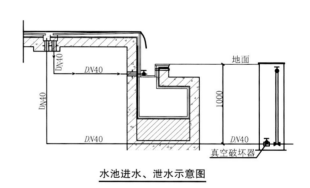

水池进水、泄水示意图

水池泄水示意图

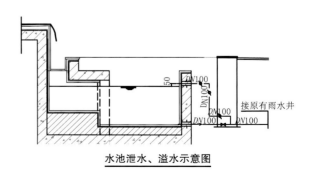

水池泄水、溢水示意图

图 2-86　案例

第二章 园林景观水景给水排水设计
Chapter 2

六实景图

第三章 园林景观灌溉

一、园林景观灌溉概述与分类

园林景观灌溉技术是保证适时适量满足植物生长所需水分的主要手段，是弥补大气降水在数量和空间上分布不均的有效措施，依据灌溉形式分为人工漫灌（图3-1）、喷灌（图3-2）、滴灌（图3-3）、微喷灌（图3-4）及涌泉灌（图3-5）等。

（1）草坪、成片低矮灌木宜采用喷灌。散射、射线、旋转喷头有机结合（选配多种喷嘴及有园林景观效果的旋转喷头），以满足植物所需水分为主，适当考虑园林景观效果。

（2）花卉、绿篱、带状灌木、花箱宜采用滴灌或微喷灌。

（3）树木宜采用滴灌、涌泉灌。

需水量不同的植物要避免安排在同一个轮灌组，且应分别编制不同的灌溉计划。

图 3-1　人工漫灌

图 3-3 滴灌

图 3-4 微喷灌

图 3-5 涌泉灌

图 3-2 喷灌

二、人工漫灌系统

人工漫灌系统最主要的灌水器为快速取水阀（图 3-6、图 3-7）。

1. 快速取水阀的安装方式

（1）地上式安装：取水器高于地面，便于工作人员取用；但其影响美观，如接口漏水会使取水点造成积水。

（2）平地坪安装：取水器低于地面，便于工作人员取用，如接口漏水会使取水点造成积水。

图 3-6 快速取水阀

（3）地下式安装：取水器藏于地面以下，不影响美观，且接口漏水不会使取水点造成积水，此种安装方式目前在设计和施工中广泛应用。

2. 快速取水阀的布置要点

快速取水阀宜布置在主要园林景观道路边缘便于工作人员取用，且距离路边小于 0.5m。以最大服务半径 25m 为准均匀覆盖种植区域。

取水点的布置应尽量保证取水点与周边种植紧密结合，不露土。

a) b)

图 3-7 快速取水阀实景图

a）快速取水阀套筒　b）快速取水阀阀箱内部

三、喷灌系统

喷灌是利用喷头等专用设备把有压水喷洒到空中，形成水滴落到地面的绿化灌溉方法。随着经济的发展，园林景观对绿化工程水平的要求越来越高。同时，为进一步解决水资源、能源的短缺和人工成本增加等问题，越来越多的绿化工程采用自动控制喷灌系统（图3-8）。

绿地喷灌系统设计应遵循的基本原则是节水、实用、可靠、节能和经济。作为一种灌溉方式，喷灌不仅可以满足园林绿地的养护需要，而且可以将不同水形的喷头按一定方式排列组合，常常会呈现出意想不到的园林景观效果。

园林喷灌中喷头的安装方式可分为地上安装和地埋隐蔽安装。如今地埋升降喷头已成为园林喷灌的主流。地埋升降喷头在水阀

图 3-8 自动控制喷灌系统

关闭时隐蔽在地下或灌木中，阀门开启后弹升至地面喷洒工作。地埋升降喷头具有隐蔽性好、喷洒美观等优点。

1. 喷灌系统的优点

（1）近似于天然降水，对植物进行全面灌溉，可以洗去树叶上的尘土，增加空气的湿度。

（2）节约用水。

（3）节省空间。

2. 喷灌系统的缺点

（1）投资较高。

（2）受风和空气温度影响大。

（3）技术要求高。

（4）高、中压喷灌消耗较大。

四、微灌系统

1. 微灌系统的概念和类别

微灌是按照植物需求，通过管道系统与安装在末级管道上的灌水器，将水和作物生长所需的养分以较小的流量，均匀、准确地直接输送到作物根部附近土壤的一种灌溉方法。与传统的全面积湿润的漫灌和喷灌相比，微灌只以较小的流量湿润作物根部附近的部分土壤，因此又称为局部灌溉技术。微灌可分为以下几种：

（1）地表滴灌：灌到植物根部附近土壤表面。

（2）地下滴灌：水直接灌到地表下的植物根部。

（3）微喷灌（图 3-9）：水以喷洒状的形式喷洒在植物根部附近的土壤表面。

（4）涌泉灌：以小股水流或泉水的形式灌到土壤表面。

图 3-9　微灌实景图

2. 滴灌系统

滴灌系统（图 3-10）管路配置包括主管、支管、滴灌管、滴头。大部分滴灌管的颜色为黑色或棕色，材质为 PE 材料。滴灌管一般具有抗紫外线、抗老化的特点。

近年来，地下滴灌系统在园林绿化中的使用比例有所提高。地下滴灌通常把滴灌管埋于地下 10~15cm。

图 3-10 滴灌系统

虽然地下滴灌系统成本较高，但因其具有便利、耐用和节水的特点，已逐渐被大量采用并取代部分喷灌工程。它受日照蒸腾及风等环境因素的影响小，据统计数据显示，其节水一般可达 35%~50%。

实践证明，只有当滴头置于植物根部区域 50% 范围内，才能确保达到最理想的供水需求。地下滴灌系统的缺点是造价过高，国内没有地下滴灌产品，世界上合格的地下滴灌管厂家很少。

3. 微喷灌系统

微喷灌（图 3-11）是一种利用微型喷头，将水高雾化度地直接送到植物需水区域，以达到灌溉效果的节水灌溉方式。其优点是流量小、移动灵活、施工简便。缺点是喷头及支管多暴露于地面，影响美观，容易被破坏；喷头覆盖半径小，安装密度大。

图 3-11 微喷灌系统

五、灌溉系统的基本组成、工作制度及控制方式

1. 灌溉系统的基本组成

灌溉系统（图3-12）的基本组成包括水源、输水主管、支管、控制阀、灌水器、控制系统、过滤系统。

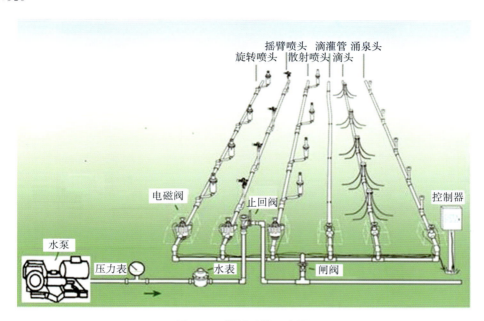

图 3-12　灌溉系统示意图

2. 灌溉系统的工作制度

灌溉系统的工作制度是指在灌溉系统运行和使用过程中，灌溉轮灌组的划分，每个轮灌组在不同季节的运行时间、运行规律等内容。灌溉系统的工作制度分为轮灌和续灌。

3. 灌溉系统的控制方式

（1）手动控制。人工开关，完全按照养护人员的经验管理用水。

（2）自动控制。采用自动控制器，按照养护人员的要求编制程序定时定量用水，用水量由养护人员根据经验控制。

（3）智能控制。控制器根据土壤、地形、植物种类、气象条件计算植物需水量，达到节水的目的。

（4）中央计算机控制，物联网控制。智能化集中管理，气象站采集数据编制灌溉程序；多种传感器辅助优化灌溉控制。通过物联网控制，管理人员可以远程对多个项目灌溉进行管理，不但可以节约用水，还可以降低管理成本。

六、屋顶绿化

屋顶绿化（屋顶花园）（图3-13）是指在建筑物、构筑物的顶部、天台、露台之上进行绿化和造园的一种绿化形式。屋顶绿化有多种形式，其主角是绿化植物，多用花、灌木建造屋顶花园，实现四季花卉搭配。

屋顶绿化灌溉应根据树木习性适时适量浇水，根据气候条件进行灌溉。夏季一般要在清

晨或傍晚浇水，冬季可在中午浇水。灌溉设施的接口应避免滴水渗漏的现象发生。灌溉的水不应超过种植的边界，不可高于女儿墙的高度。灌溉多余的水应能保证及时排出。

图 3-13　屋顶绿化

第四章

园林景观照明设计、音箱及供电设计

第一节　园林景观电气设计概述

室外园林景观电气设计通常分为强电和弱电两个部分。

一、强电部分

强电部分主要包括园林景观照明（图 4-1）、园林景观水景（图 4-2）动力配电设计。此外，还包括园林景观配套设施或构筑物中其他用电设备的配电。常见的室外园林景观配电设备有发光标识、景观 LOGO、充电桩、电动门、电动旗杆、室外防水插座及室外岗亭等。具体配电设计的介绍见本章第二节内容。

图 4-1　园林景观照明

图 4-2　园林景观水景

二、弱电部分

弱电部分包含的范围比较广。其中，园林公共广播系统设计（图 4-3）是园林景观设计中最常见的弱电部分。此外，还有 Wi-Fi 覆盖系统设计、安全防范系统设计等。具体各部分的阐述见本章第三节内容。

图 4-3 园林公共广播系统设计

第二节 配电设计

一、园林景观电气设计概述

园林景观电气设计中的强电设计处于电力工程的最末端。图 4-4 所示为常见的电力系统示意图,依次展示了电力从产生、输送到分配的一般过程。

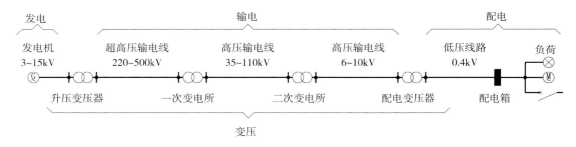

图 4-4 常见的电力系统示意图

（1）发电部分：常见的发电形式有水力（图 4-5a）、火力、风力、潮汐、核能等。

（2）变压部分：由于电流通过导线时会产生损耗，电流越大，损耗越大。在传输电能相同的条件下，提高供电电压，可以极大地减少流过导线的电流。而实际用电时（如照明、插座等）使用高电压非常不安全，且对设备的绝缘耐压等要求高，所以会进行升压、一次变压、二次变压、降压等多次变压。常见变电所如图 4-5b 所示。

（3）输电部分：低压电能一般通过电缆埋地来传送，高压电能一般通过架空线缆来传输，如常见的输电塔（图 4-5c）。

（4）配电部分：园林景观电气设计处于上述电力系统的末端，通常只涉及配电箱（图 4-5d）、用电负荷（图 4-5e）的设计，有时也会涉及配电变压器（图 4-5f）的设计。

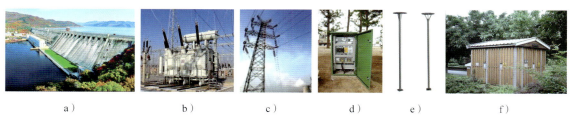

图 4-5 电力系统实景图

a) 水力发电站　b) 变电所　c) 输电塔　d) 配电箱　e) 用电负荷（庭院灯）　f) 配电变压器

二、园林景观电气设计中常见的配电形式

园林景观电气设计中常见的配电形式（图 4-6）如下：从箱式变压器（简称"箱变"）（图 4-6a）开始配电，变压器经埋地敷设的干线电缆（图 4-6b）给园林景观配电箱（图 4-6c）供电，再由园林景观配电箱经埋地敷设的支线电缆（图 4-6d）引至末端用电设备（图 4-6e）如灯具、水泵等。

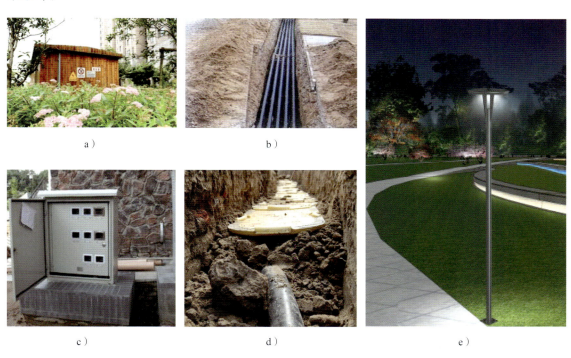

图 4-6 园林景观电气设计中常见的配电形式

a) 箱式变压器　b) 埋地敷设的干线电缆　c) 园林景观配电箱　d) 支线电缆　e) 末端用电设备

通常一个园林景观项目，应根据项目规模确定箱变及其数量，箱变应尽量设置于项目的负荷中心。由箱变配出干线电缆至各个区域的配电箱，配电箱的配电半径以 100m 为宜，配电箱也应尽量放置于其配电区域的负荷中心。园林景观水泵过多时，还需单设园林景观动力配电箱。箱变、园林景观配电箱常采用种植遮挡、外观美化或置于建筑内（对建筑预埋管量要求较大）等方法进行美化处理。

三、电缆敷设

所有电力设备（变压器、配电箱、负荷）之间通常采用电缆来传输电能。图4-7所示为三种园林景观常见电缆，即普通电缆、铠装电缆、防水电缆。

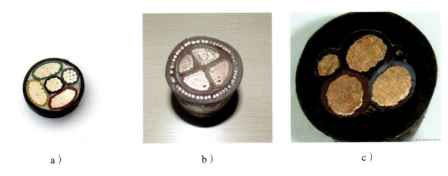

图4-7 园林景观常见电缆
a）普通电缆 b）铠装电缆 c）防水电缆

电缆敷设方式需要根据电缆的敷设条件、电缆数量、规格、电压等级等情况综合确定。室外电缆敷设可以采用架空、电缆隧道、电缆沟、普通电缆穿管、铠装电缆直埋、防水电缆明敷等方式，如图4-8所示。园林景观电气设计中以后三种敷设方式为主。采用铠装电缆直埋和普通电缆穿管时，通常电缆埋地深度不应小于0.7m，并应埋设于当地冻土层以下。

图4-8 电缆敷设方式
a）架空 b）电缆隧道 c）电缆沟 d）普通电缆穿管 e）铠装电缆直埋 f）防水电缆明敷

四、园林景观电力控制

园林景观电力控制是指通过对配电箱内的电气元件进行自动、手动操作，完成园林景观开关灯、水景喷泉启泵关泵等操作。一般可根据灯具类型设置平日、节假日、重大节日等多种控制模式。

园林景观常用的控制系统有以下几种：

（1）时间控制器：采用时间继电器自动控制。一般可设置为前半夜开启（19:00~23:00）、全夜开启（19:00~06:00）等时间段控制。

（2）经纬度控制仪：采用微计算机根据所在经纬度自动控制。根据每日不同的天黑、天亮时间，随季节自动调节。

（3）智能照明控制器：采用智能照明控制器通过有线组网集中控制。

（4）GPRS 无线远程监控：采用 GPRS 信号组网集中监测、控制。

照明控制的节能是电气节能的重要部分。如何合理、便捷地做好照明控制，是电气设计师的责任和义务。

第三节 弱 电 设 计

园林景观弱电设计以公共广播系统设计为主。此外，还包括 Wi-Fi 覆盖系统设计、安全防范系统设计等。

一、公共广播系统设计

公共广播的主要功能是为项目提供公共服务的声音广播。用于进行业务广播、紧急广播和背景音乐广播等，并与消防应急广播系统具有强切联动功能。

公共广播系统由公共广播主机（包括节目源、前置放大器、音频分配器、控制主机单元、功率放大器）、传输管线及扬声器组成。公共广播主机（图 4-9）应设置于建筑内，通常放置于消防控制室、物业管理室、值班室等处的机柜或操作台上。传输部分应根据传输距离选择语音线或网线穿管埋地敷设。末端在需要的位置布置扬声器（图 4-10），单只扬声器功率为 20~50W，服务半径为 10~20m。

图 4-9 公共广播主机

图 4-10 扬声器

二、Wi-Fi 覆盖系统设计

伴随着智能手机的普及和人们对网络的依赖，提供无线 Wi-Fi 覆盖已成为智慧、数字化园林景观项目的必要条件。园林景观 Wi-Fi 覆盖通常需要在建筑内设置核心路由器接入互联网，由核心交换机经有线电缆或光缆传输至室外末端 AP 设备（无线网络接入点，常见的有无线路由器）来达到 Wi-Fi 覆盖效果。

三、安全防范系统设计

安全防范系统是以维护社会公共安全为目的，运用安全防范产品和其他相关产品所构成的多个子系统的组合或集成的电子系统或网络。常见的子系统主要包括入侵报警系统、视频安防监控系统、出入口控制系统、电子巡查系统、停车库（场）管理系统，以及以防爆安全检查系统为代表的特殊子系统等。其结构模式按规模大小和复杂程度可分为集成式、组合式、分散式三种类型。园林景观设计中可能涉及视频安防监控系统、出入口控制系统及停车库（场）管理系统，各系统大致由前端设备、传输线缆、控制主机等部分组成。

第四节　园林景观照明设计

一、园林景观照明方案设计

园林景观照明设计是指既有照明功能，又兼有艺术装饰和美化环境功能的户外照明设计。园林景观照明通常要根据项目所在的城市发展方向、项目的整体定位来确定园林景观照明的表现尺度和整体水平。在园林景观照明设计中，要考虑周边的环境因素，从不同的角度模式来定位夜景照明项目的风格与形式，进而实现整体与局部以及局部与个体之间的协调统一。

园林景观照明方案中，确定夜景照明的整体水平及形式风格后，单个建设项目中往往还要有主次之分，对于区域内的特色重点要加强表现，其他部分又要与之相协调，有主次有扬抑。忌通体表现，无重点，不能形成有效的视觉中心，同时造成资源浪费；忌过度强调重点，其余部分缺乏表现，不能形成连续的整体感。

二、园林景观照明设计的内容

园林景观照明设计是对园林景观设计师设计意图的解读，帮助他们利用光实现对空间的诠释和再塑造。一般来说，园林景观照明不宜逾越载体而单独存在，除非在节日彩灯、灯光秀、夜景博览会等场合。就照明要表达的主体而言，园林景观照明通常有以下几种尺度：功能照明、表现园林景观设计的照明、表现建筑设计的照明、表现园林山水整体风貌的照明、表现城镇城市特色的照明等。不同的项目需要不同的尺度或者多种尺度来表现。

首先，在园林景观范围内，车行路、人行路、体育场馆等一些室外作业场所的照明，需要以功能照明设计为主导，应满足国家现行的照明设计规范，如《城市道路照明设计标准》（CJJ 45）、《体育场馆照明设计及检测标准》（JGJ 153）、《室外作业场地照明设计标准》（GB 50582）等。

其次，在园林景观范围内的一些场所，如水景周界、园林景观踏步、铺装边界等夜间可能造成人身伤害或危险的部位，需要设置基本功能照明，以起到提示、引导和防范的效果。

再次，根据照明设计方案对主次的把控，利用照明的一些手法和技术对水体水景、景观节点、构筑物、建筑立面、园林山体等主体进行美化提升,完成夜景的诠释。

三、园林景观照明质量与影响要素

(一)夜景照度水平与亮度分布

夜景照度水平与亮度分布是保证夜景功能照明的关键。图 4-11 直观地显示了照度高低的差异,图 4-12 展示了亮度分布的差异。适宜的照度水平和均匀的亮度分布可以给人们舒适的灯光感受,可以为城市安全提供保障。同时,适当的亮度分布变化可以形成活跃生动的夜景效果。

a) b)

图 4-11 照度高低的差异

a)照度较高 b)照度较低

a) b)

图 4-12 亮度分布的差异

a)均匀的亮度分布 b)变化的亮度分布

良好的照度水平与亮度分布同时也是实现绿色照明的关键。夜景照明中大背景底色均为黑色,因而应控制园林景观照明的照度水平和亮度分布,防止因亮度分布不当而产生不舒适的眩光甚至视觉功效损害。根据国家规范,不同的城市道路平均照度要求范围为 8~50lx、人行道路范围为 5~20lx、体育场馆范围为 150~3000lx 等。对于此类功能照明,低于或高于规范照度值均不能满足规范要求。建筑物立面属于景观照明,规范仅对其功率密度上限进行要求，功率密度上限范围为 3.3~13.3W/m²。夜景照明设计中，应在规范规定的范围内，统筹设计照度水平和亮度分布，保证夜景照明的安全性和舒适性。

（二）光色与光源显色性能

1. 光色

光色丰富了照明表达的语言，是夜景照明设计师的重要工具。不同光色的使用可以体现出照明效果的远近、轻重，从而形成空间感并制造氛围。从色彩心理学及文化的角度来讲，每种色彩在特定的环境中基本上都代表了一定的文化含义。因此，充分利用这些特征可以增加照明效果的内涵和文化性。园林景观照明设计时，光色包含彩色光和色温两个方面。

（1）彩色光的应用，如水立方夜景景观（图4-13）。夜景照明中彩色光应根据场合合理使用，单体建筑中色彩不宜过多；当许多建筑聚集在一起时，夜景照明中彩色光的选用既要考虑单体建筑夜景的特色，同时又要顾及整个群体夜景效果的协调。

图 4-13　彩色光的应用（水立方夜景景观）

（2）光的表观颜色。光的表观颜色即色表，可以用色温或相关色温进行描述。色温以 K 为单位，图 4-14 所示为色温对照表，从左至右色温依次升高。园林景观照明中光源的色温通常为 3000~4000K。表 4-1 列出了各种照度水平下，不同色温的照明所产生的一般印象。图 4-15 所示也对不同色温与照度的组合进行了对比。可以看出一般情况下，以舒适性为要求时，高照度宜选用高色温，低照度宜选用低色温。非舒适性主导的设计中，可以利用色温和照度组合的变化，制造视觉冲击并造成一定的心理影响。因而选择适当的色温是景观照明设计的重要环节。

| 1800K | 4000K | 5500K | 8000K | 12000K | 16000K |

图 4-14　色温对照表

表 4-1　各种照度水平下灯光色温给人的不同印象

照度 /lx	相关色温 /K		
	<3300	3300~5300	>5300
<500	舒适	中性	冷
500~1000	↑	↑	↑
1000~2000	刺激	舒适	中性
2000~3000	↑	↑	↑
>3000	不自然	刺激	舒适

a)

b)

c)

d)

e)

图 4-15　不同色温与照度的组合

a）高照度低色温，炙热感，不舒适　b）高照度高色温，舒适　c）低照度高色温，压抑感，不舒适
d）低照度低色温，舒适　e）高色温、低照度下，神秘、阴森、恐怖

2. 光源显色性能

一般以显色指数 Ra 作为表示光源显色性能的指标，理论的最大值是 100。图 4-16 直观地显示了显色性高低的差异，从左至右显色性依次降低。一般来说，夜景照明中除商业步行街的照明应尽量选择高显色光源外，其他场所对显色性无要求。植物照明中可以选用对绿植还原度较好的光源。

图 4-16　显色性差异

设计师还应了解光源的显色性对载体照亮后颜色的影响。强调载体颜色时,应使用显色性高或单项显色性高的光源;利用显色性低的光源可以弱化载体颜色,借以表达不同于白日的夜晚园林景观。

(三)阴影与层次感

夜景照明中,均匀、缺乏层次和变化的照明会使建筑物、构筑物显得呆板和缺乏生机,需要通过光的阴影、剪影、明暗、轻重、受光面积的大小、对轮廓的界定、对纹理的塑造、内透光的使用等多种手法,以形成丰富的层次感,提高园林景观的美学品质。制造层次感应把握好灯具的配光,过多的逸散光不利于效果的实现,也造成了光通量的浪费。

图 4-17 展示了光对阴影与层次感的塑造。图 4-17a 所示的雕塑照明若采用漫射光线,会使造型层次感平淡无奇,索然无味。图 4-17b 采用光束感强的直射光,亮、暗对比分明,能强调立体层次的变化,突出造型的特征,加重神秘色彩。建筑中也是如此,如图 4-17c、d 所示。

a)　　　　　　　　　　　　b)

c)　　　　　　　　　　　　d)

图 4-17　阴影与层次感

a)漫射光与雕塑　b)直射光与雕塑　c)漫射光与建筑　d)直射漫射混合与建筑

关于内透光，澳洲悉尼政府为打造水晶般的夜景灯光效果（图4-18），要求办公楼"下班请开灯"，这是极不节能的做法。通过仅开窗口处灯、加遮挡板，设置窗帘等方法可以达到类似的效果。夜景照明设计师应深谙灯光效果与灯具功率的量的关系，力求用较少的光达到预期的目标。

图4-18 悉尼夜景

（四）动态照明

动态照明作为夜景照明的一种辅助方式，可以产生变化流动的照明效果。通常包括色彩的变化和灯光位置的变化。适度的变色与动态照明设计相结合，可以提升夜景照明的吸引程度；但如果使用在道路照明中，会对机动车驾驶人员产生安全隐患。园林景观照明设计中应慎重选择动态照明的使用场合。

（五）眩光限制

生活中，如果灯、灯具、窗或者其他区域的亮度比室内一般环境的亮度高很多，人们就会感受到眩光。眩光会产生不舒适感，严重的还会损害视觉功效。生活中常见的眩光（图4-19）有电脑屏幕眩光、投光灯眩光、车灯眩光。

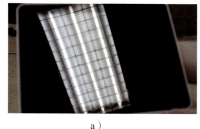
a）

b）

c）

图4-19 生活中常见的眩光

a）电脑屏幕眩光 b）投光灯眩光 c）车灯眩光

园林景观设计中，夜晚初始环境亮度极低，更要注意防止和限制眩光的出现。园林景观照明设计要"藏灯"，努力做到"见光不见灯"；要控制光的亮度，适当适度表达。图4-20所示为国内一些获奖的景观照明设计作品。

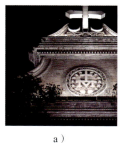
a）

b）

c）

图4-20 优秀夜景照明作品

a）南堂宣武门教堂 b）背景景山公园 c）三里屯SOHO

（六）光污染——减少光污染，重现美丽星空

1. 光污染

光污染泛指影响自然环境，给人们正常生活、工作、休息和娱乐带来不利影响，影响人们观察物体能力，引起人体不舒适感和损害人体健康的各种光。夜景照明中相关的光污染现象有以下几种：

（1）天空亮光。全球已有 2/3 地区的居民看不到星光灿烂的夜空。纯净的夜空已变得尤为珍贵，图 4-21a 中各天文台的选址多位于高山，远离城市，光污染小，有利于观测星空；图 4-21b 位于夏威夷，那里光污染小，观测到的星空清晰明亮；图 4-21c 是世界上第一个夜天光保护区（美国的犹他州天然桥公园）。夜景照明设计时应严格控制直接照射到天空的光通量。可通过选用合适配光的灯具、选用带角度的灯具或加灯罩等方式来限制上射光以减少对美丽星空的污染。

a)

b)

c)

图 4-21　减少光污染，重现美丽星空组图

a)全球优秀天文台　b)夏威夷星空　c)世界上第一个夜天光保护区

（2）过多的室外光照射到室内，影响人的正常工作与休息。居住楼夜景照明中，通过选用合适配光的灯具、调整灯具角度、加防眩光格栅、加灯罩等方式，限制射入居室方向的光通量。

（3）视野中的眩光。前面已讲过眩光的产生，夜景照明设计时应预想各种灯具的照明

效果，从设计阶段避免眩光的出现；也可以通过选择合适的配光灯具、降低亮度水平、提高环境亮度等方式来减少眩光。

2. 光污染的防治

（1）根据需要确定合适的照明量。

（2）调节灯光方向，使其照在需要的地方。

（3）防止眩光的产生（增加防眩光格栅、采用磨砂灯罩）。

（4）合理选用设计良好、配光合理的灯具，可产生良好的照明效果。

图 4-22 显示了各种照明方式的优劣情况：

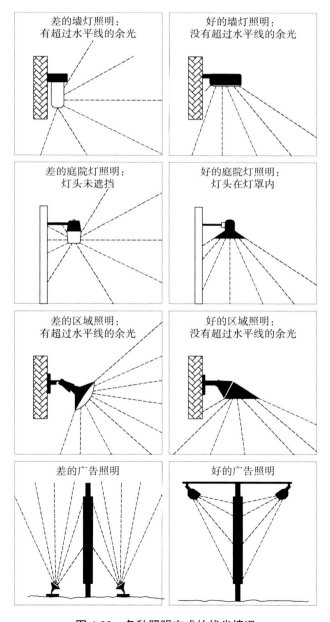

图 4-22　各种照明方式的优劣情况

3. 案例分析

如图 4-23a 所示，案例一中的灯具仅为满足路面照度要求，选用光源过多，并产生上射逸散光。建议改造方法：减少光源数量，内侧上表面进行反射处理。

如图 4-23b 所示，案例二中的灯具仅为照亮构筑物，灯具功率过大，并产生严重眩光及上射逸散光。建议改造方法：减小光源功率，改为可调角度埋地灯。

a）

b）

图 4-23 光污染的控制案例
a）案例一 b）案例二

（七）园林景观照明的防护等级要求

按照灯具的防护等级划分 IP×× （防尘、防水能力）：

（1）第一位数表示：0 无防护；1 防止大于 50mm 异物；2 防止大于 12mm 异物；3 防止大于 2.5mm 异物；4 防止大于 1.0mm 异物；5 防尘；6 完全防尘。

（2）第二位数表示：0 无防护；1 防垂直滴水；2 防 15° 滴水；3 防淋水（65°）；4 任意方向可防溅水；5 防喷水；6 防猛烈海浪；7 防浸水；8 防潜水。

灯具的防护等级至少为 IP2×；室外安装的灯具防护等级不应低于 IP55，其中，在有遮挡的棚或檐下灯具防护等级不应低于 IP54，道路照明灯具防护等级不应低于 IP65，埋地灯具防护等级不应低于 IP67，水下灯具防护等级应为 IP68。

四、园林景观照明常用灯具

（一）路灯灯具

路灯灯具（图 4-24）的样式选择和设计中，应以功能性为主导，兼顾外观效果。路灯灯杆高度 H 根据道路宽度和路灯排布方式确定，一般为 5~12m。路灯杆间距 S 可为 3~4H，多为 20~30m。路灯光源首选高压钠灯；显色性要求高的场所可选用金属卤化物灯、LED，功率多为 75~400W。

图 4-24　路灯灯具

（二）庭院灯灯具

庭院灯灯具（图 4-25）的样式选择与设计中，需兼顾功能性和美观性，但不提倡多光源、漫反射型灯具。庭院灯灯杆高度一般为 2.5~4m，庭院灯杆间距 S 多为 12~18m。庭院灯可使用的光源有 LED、低压钠灯、金属卤化物灯、细管径荧光灯、紧凑型荧光灯，功率多为 35~75W。

图 4-25　庭院灯灯具

（三）草坪灯灯具

草坪灯灯具（图 4-26）高度一般为 0.4~0.9m，草坪灯杆间距 S 多为 6~10m。草坪灯可使用紧凑型荧光灯、LED 作为光源，功率多为 10~23W。

图 4-26 草坪灯灯具

（四）太阳能灯具

太阳能照明是以太阳能为能源，通过太阳能板实现光电转换，白天用蓄电池储存电能，晚上通过控制器对电光源供电，实现所需要的功能性照明。常见的太阳能灯具（图 4-27）有路灯、庭院灯、草坪灯。

图 4-27 太阳能灯具

按照太阳能光伏照明的电源可分为：独立使用的太阳能光伏照明、集中太阳能板的光伏照明、太阳能与市电互补照明、风光互补的太阳能照明。

太阳能灯具适合光照较充分的地域，要求设置地点终年日光无遮挡或少遮挡，在灯具分布较分散的项目中具有一定优势。其主要光源有：LED、高压钠灯。

（五）照树灯灯具

照树灯灯具（图 4-28）可选用插泥式、埋地式、固定式，不宜对古树和珍稀树种进行照明。照树灯可使用紧凑型荧光灯、LED、金属卤化物灯作为光源，功率多为 20~35W，避免产生眩光，控制朝居室方向的发光强度。

第四章 园林景观照明设计、音箱及供电设计
Chapter 4

图 4-28 照树灯灯具

（六）埋地灯灯具

作为引导性、装饰性的埋地灯灯具（图 4-29），应采用小功率光源，以免产生眩光。图 4-29a 中采用小功率 LED 埋地灯，具有点缀、提示、引导的效果；图 4-29b 中采用大功率埋地灯，眩光严重，严重影响人的视觉功能。

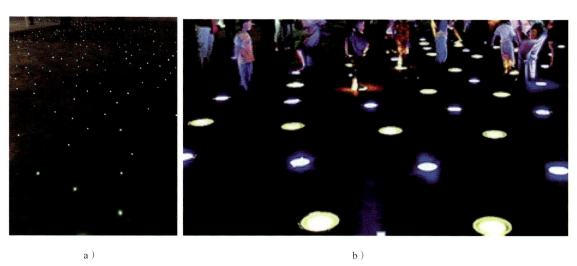

a) b)

图 4-29 埋地灯灯具
a）小功率埋地灯 b）大功率埋地灯

仅在照射景墙、雕塑、其他构筑物时或地面照度较高时，埋地灯的功率可适当放大，并建议采用可调角度型埋地灯（图 4-30）。侧出光型埋地灯（图 4-31）也可以避免眩光问题。

图 4-30 可调角度型埋地灯及其效果

a）可调角度型埋地灯　b）可调角度型埋地灯效果

图 4-31 侧出光型埋地灯及其效果

a）双侧出光型埋地灯　b）单侧出光型埋地灯效果

（七）投光灯灯具

投光灯以光束角的大小进行分类，见表 4-2。不同场所应选择不同的光束角进行投光照明。如窄光束灯具适用于垒球场、细高建筑立面照明；宽光束灯具适用于篮球场、排球场、广场、停车场等场合。即根据配光需求选择灯具，从而在限制眩光的同时，达到预期夜景效果。图 4-32 所示为几种常用投光灯及其应用场合。

表 4-2 投光灯的分类

光束类型	光束角/（°）	最低光束角效率（%）	适用场合
特窄光束	10~18	35	远距离照明、细高建筑立面照明
窄光束	18~29	30~36	足球场四角布灯照明、细高建筑立面照明
中等光束	19~46	34~45	中等高度建筑立面照明
中等宽光束	46~70	38~50	较低高度建筑立面照明
宽光束	70~100	42~50	篮球场、排球场、广场、停车场照明
特宽光束	100~130	46	低矮建筑立面照明，货、建筑工地照明
超宽光束	>130	50	低矮建筑立面照明

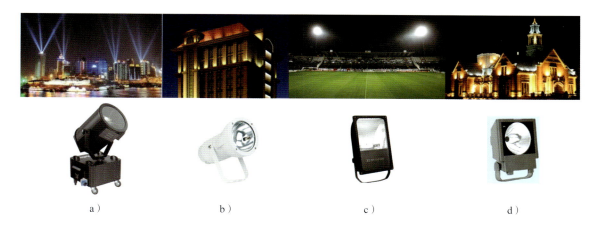

图 4-32　常用投光灯及其应用场合

a）探照灯　b）窄光束　c）中光束　d）宽光束

（八）LED 线形灯灯具

LED 线形灯灯具（图 4-33）包括 LED 灯带、LED 蛇形灯、LED 灯管，功率大致上是依次增加的。可根据对象的轮廓做均匀的泛光照明。通常用于桥梁、水池侧壁、扶手、建筑轮廓、建筑立面泛光等场所。功率一般为 4~35W/m。

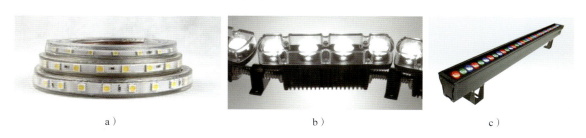

图 4-33　LED 线形灯灯具

a）LED 灯带　b）LED 蛇形灯　c）LED 灯管

（九）灯箱、标识

传统灯箱以 T5 灯管为光源（也可替换为 LED 灯管）均布排列，如 T5 灯管灯箱（图 4-34）。LED 超薄灯箱（图 4-35）以 LED 作为光源四周发光，节能、占用空间小，有较好的应用前景。

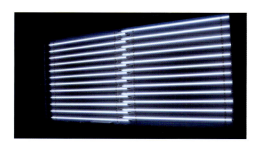

图 4-34　T5 灯管灯箱

图 4-35　LED 超薄灯箱

标识有发光型和不发光型，发光型与灯箱及其他灯具类似。

五、光源

园林景观照明的常用光源（图4-36）有：低压钠灯、T5灯管、紧凑型荧光灯（节能灯）、金卤灯、LED。表4-3列出了以上光源的主要参数及应用场合。

a) b) c) d) e)

图4-36 园林景观照明的常用光源

a）低压钠灯 b）T5灯管 c）紧凑型荧光灯 d）金卤灯 e）LED

表4-3 光源表

光源类型	光效/（lm/W）	显色指数/Ra	色温/K	常用功率/W	特点及应用场合
低压钠灯	140~180	25	2000	18，35，45，55，75，90，135，180	光效极高，广泛用于显色性要求不高的场合，如公路、隧道、港口、货场等
T5灯管	70~100	80~85	2700~6500	14,21,28, 35	显色性高，适合商业照明
紧凑型荧光灯	40~80	80	2700~6500	8,11,14,18,23,	结构简单，适用度高
金卤灯	70~100	70~95	3000~4200	20,35,70,150	光效高，功率大，显色性好，投光灯常用光源
LED	70~100	70~85	3000~6200	3,6，8，9，12，15…	颜色丰富，结构紧凑，防潮防震，安全环保

六、LED

（一）LED的特点

LED被誉为第三代照明革命，不仅是因为其寿命长、光效高、色彩丰富，而且由于LED光束集中、附件简单、结构紧凑，可以实现光源和灯具的有机结合，使得光源和灯具无明显界限。低压钠灯路灯（图4-37）的被照面接受光通量＝光源发出光通量×灯具效率；而LED路灯（图4-38）的被照面接受光通量＝光源发出光通量。这也意味着可以根据配光需求设计LED灯具，使充分利用光通量成为可能。

图4-37 低压钠灯路灯　　　　图4-38 LED路灯

（二）特殊灯具：LED 灯具

由于 LED 处于过渡期（图 4-39），大量的 LED 用来设计成传统光源的模样，去配合传统灯具，造成了极大的光通量损失。

图 4-39　过渡期的 LED

a）LED 替代白炽灯，节能灯　b）LED 替代管灯

LED 的设计和使用中，应以配光需求作为先导，选用高效 LED 灯具，设计高效利用 LED 光源的使用环境，甚至以建筑物或构筑物的结构代替灯具，如与吊顶结合的 LED 灯具（图 4-40），来带动 LED 产业的变革。

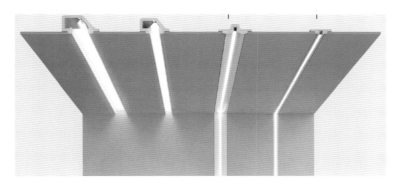

图 4-40　与吊顶结合的 LED 灯具设计

LED 本身表面亮度高，易产生眩光，就当前技术条件而言，还存在光谱窄、蓝光污染、颜色漂移、光通维持率低、优质产品价格高、标准不统一等问题。对 LED 的设计者、生产者、使用者来说都有很长的路要走。但我们有理由相信，未来 LED 的发展会更好。

第五节　园林景观照明案例分析

一、道路照明

道路照明具有一定的功能性，一般情况较理想的道路照明是路面被照亮，灯具未在人的视野内产生眩光，如案例一（图 4-41a）。因为该案例采用下照型配光，灯具设置间距也基本保证了路面的照明均匀度和视觉感受的连续性。而案例二（图 4-41b）和案例三（图 4-41c）中灯具照明产生的眩光较为严重，并且无法有效地将地面照亮（图中地面亮度多为周围环境光引起的）。合理选择和制造道路照明的灯具是重要的环节，应该引起制造方、设计方、建设方和施工方等各方的重视。

图 4-41 道路照明案例（一）
a）案例一　b）案例二　c）案例三

图 4-42a 所示的灯具安装位置不合适，全部在人行进的视线方向。人由此处通行时，会产生视觉不舒适感，长时间停留会严重影响人的视觉功效。图 4-42b 所示灯具安装位置合理，有效避免了眩光的产生，并在竖条形的侧墙和底边的踢脚线上产生变化的律动感，与园林景观的材质有较好的呼应，使得光与被照的主体有机结合。但 LED 线形灯功率稍大，适当降低同样可以满足视觉功能要求，达到类似的效果。照明设计时应充分进行思考，合理设置灯具的安装位置。

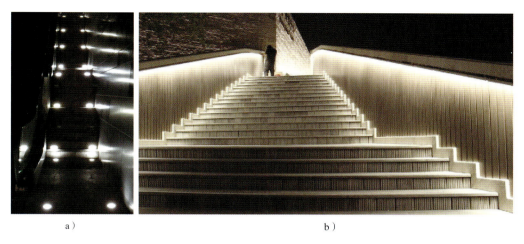

图 4-42 道路照明案例（二）

a）灯具安装位置不合理，眩光较重　b）安装位置合理，光与被照主体有机结合

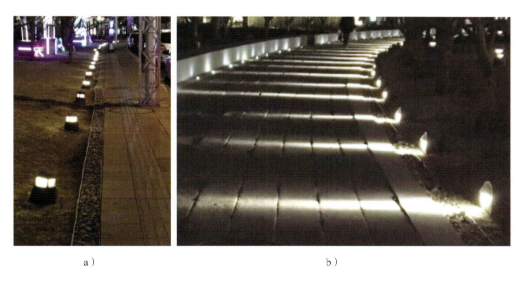

图 4-43 道路照明案例（三）

图 4-43a 中道路未被此灯照亮，周围亮度为右侧市政路灯所致。但灯体本身连为一线，可以提示道路边界的变化。利用灯体来实现道路照明时，灯具本身不能过亮，以避免产生眩光。图 4-43a 与图 4-43b 有一个共同的特点，即道路本身平坦无交错、路线曲率变化不大，可以考虑加大灯具的间距以节能环保。图 4-43b 的优点在于灯具进行了一定的眩光限制，对上部设置了遮挡，能有效地限制灯体本身在人视线上产生的眩光，并利用有节奏的亮度分布形成生动趣味有别于白日的园林景观效果。

二、广场照明

广场照明（图 4-44）也具有一定的功能性，一般利用高杆灯来达到合适的照度和均匀的亮度分布，如图 4-44a 所示。但通常情况下，受美观因素限制，无法设置高杆灯。下面就图 4-44 中的案例来探讨一下广场的照明设计。

a) b)

c) d)

e) f)

图 4-44 广场照明

a) 高杆灯　b) 景观灯　c) 彩虹灯　d) 环境光　e) 大功率埋地灯　f) 小功率 LED 埋地灯或光纤灯

图 4-44a 中，广场地面被照亮，达到功能照明要求，中规中矩，没有特色，而且在某些视角眩光较重。图 4-44b 可以满足功能要求，但灯具过多，造成资源和电能的浪费，而且严重影响白日园林景观效果。图 4-44c 利用彩色形成大尺度的彩虹光，较有特色。图 4-44d 通过周边的亮度来自然照亮广场，因为广场本身不存在高低差等危险性，一定程度上可以借鉴。图 4-44e 中地面有大量大功率特色埋地灯，眩光严重，人无法长时间驻留，在功能性场

合不建议使用；但在一些极特殊的场合可以烘托神秘气氛，总之要慎用。图4-44f中为小功率LED埋地灯或光纤灯，形成星光效果，可以借鉴。使用时要求广场平整无过多变化，周围环境亮度低。

三、植物照明

图4-45展示了几种植物照明。图4-45a所示为常见的照树灯形式之一，但图中树干过亮，建议将照射角度上调；同时灯具突出地面，安装位置可能影响美观。图4-45b所示为常见的照树灯形式之二，埋地设置，白日园林景观效果较好；但夜晚行人经过时眩光较大，后期只能用卵石遮挡来缓解眩光刺激。建议加设防眩光格栅并设置一定的角度，或设置于人不易靠近的位置。图4-45c中设置出光筒，可以在一定程度上减弱眩光，白日园林景观效果适中。图4-45d所示为较好的照树灯形式，对灯具要求比较高。图4-45e所示为竹林较完整的照明，灯具出光角和方向比较正确。借此图说明，设计时应考量对竹林进行全包围的照明是否合适，建议设计时确定主观赏面，仅在主观赏面这一侧进行照明，避免竹林里可能透出对面的灯具造成眩光，并造成不必要的浪费。

图4-45 植物照明

a）插地 b）埋地 c）出光筒 d）特造灯 e）竹林照明

四、园林景观构筑物照明（图 4-46）

图 4-46a 所示的 LED 线形灯是较常用的园林景观构筑物照明灯具，可以打出比较匀质的光，但自下而上的光没有自上而下的光感觉自然；若条件允许，尽可能从上方照明。图 4-46b 所示为成组的投光灯，控制好间距和数量也可以达到类似图 4-46a 的效果。图 4-46c 在底边 LED 灯带的基础上，在图片右侧中心位置增加一台投光灯对关键字进行了强化照明，出现了两种层次的照明效果，但关键字并没有给人特殊的效果，建议在色温或照度上进行处理，加大差异。

其他类型构筑物应结合构筑物本身的特点设计夜景照明，本书在此不做详述。

a）

b）

c）

图 4-46　园林景观构筑物照明
a）LED 线形灯　b）成组投光灯　c）组合

五、墙体照明（图 4-47）

图 4-47a 中，利用上下照明的侧壁灯，较好地表达了墙面材质和机理，眩光限制和显色性处理效果都比较好。图 4-47b 底部设置红色 LED 线形灯，体现了节日气氛，灯具外侧有挡板，正常观赏角度没有眩光，效果较好；但其用电量较大，建议仅对重要和有特色的墙面这样处理。

a)　　　　　　　　　　　　　　b)

图 4-47　墙体照明

a) 壁灯　b) 底部洗墙灯

第六节　园林景观电气图解

本节以某工程园林景观电气设计为例，图解园林景观照明、动力配电及背景音乐系统设计的内容。通常一套完整的小区园林景观电气图应包含设计说明、图样目录、灯具表、配电箱系统图、背景音乐系统图、园林景观照明平面图、园林景观动力平面图、背景音乐平面图等几个部分，必要时还需补充灯具安装节点（大样）图、配电箱安装示意图、灯光控制表等内容。本节重点介绍以下几部分内容。

一、设计说明

设计说明（图 4-48）是园林景观电气图的核心，是对平面和系统的补充及延伸，是进行设计、施工的重要依据。不同项目的设计说明不尽相同，通常包含的内容有设计依据、设计范围、供电原则、电缆敷设、灯具安装、接地系统及其他需要说明的事项。

设计说明

一、设计依据
1. 景观专业提供的作业图。
2. 国家现行的电气设计规范及标准：
《民用建筑电气设计规范》（JGJ 16—2008）
《城市夜景照明设计规范》（JGJ/T 163—2008）
《建筑照明设计标准》（GB 50034—2013）
《低压配电设计规范》（GB 50054—2011）
《绿色照明工程技术规程》（DBJ 01—607—2001）
《城市道路照明设计标准》（CJJ 45—2015）
国家及地方其他现行有关规范及标准。
3. 现行的电气设计标准图集：
《民用建筑电气设计与施工》（08D800—1~8)
《常用低压配电设备及灯具安装》(D702—1~3)
《接地装置安装》（03D501—4）
《电缆敷设》（D101—1~7）
二、工程概况及设计范围
1. 项目名称：×××
2. 地理位置：本工程位于×××
3. 项目用地面积：×××m²，景观面积为×××m²
4. 电气设计内容：景观照明配电及背景音乐系统设计
三、供电原则
1. 景观照明配电箱（柜）放置于室外，若有变动，施工时可以就近调整。室外景观配电箱（柜）落地安装，下设混凝土台，箱体要求防护等级IP65。配电箱电源由建筑内引来。
2. 所有线路均应满足电压损失要求。
3. 园区内景观照明根据功能采用智能照明控制器来控制。可设置平日、节假日、重大节日等不同的开灯控制模式。
四、电缆敷设
1. 景观照明及电力配电回路均采用交联聚氯乙烯绝缘电力电缆穿热镀锌钢管埋地暗敷。
2. 电缆埋地深度不应小于0.8m。
3. 电缆严禁平行敷设于地下管道的正上方或下方。电缆与电缆及各种设施平行或交叉的净距离，应规定符合《民用建筑电气设计规范》（JGJ 16—2008），表8.7.2的规定。其中，电缆与乔木容许的最小水平净距为1.0m，与灌木丛容许的最小水平净距为0.5m，施工时应注意避让。
4. 待甲方确定控制室位置后，由配电箱内智能照明控制器引出一根超五类控制线至控制室。
5. 电缆施工放线时，需经有关专业校验后，方可施工。
五、灯具选型及安装
1. 灯具的型号及具体规格由景观专业和甲方确定。
2. 灯具具体安装位置以景观专业灯具定位图为准，施工单位施工时，还需与绿化人员密切配合。
3. 灯具的安装方法参见《常用低压配电设备及灯具安装》（D702—1~3）图集，照明器结构和安全要求要符合《灯具一般安全要求与试验》（GB 7000.1—2002）的要求。所有紧固件均要求为不锈钢材料，其他铁构件灯具均须做防锈、防腐处理。
4. 所有接头需进行防潮处理，然后加热缩套管密封封装。
六、接地系统
本次景观照明接地系统均采用TN-S系统。要求接地电阻不大于10Ω，若不满足要求，需增加接地极。接地极做法参照图集《接地装置安装》（03D501—4）。
七、背景音乐扬声器
1. 背景音乐主机放置在建筑物内，施工时需与建设方协调配合。
2. 为便于安装及维护，扬声器布置在草坪内，硬质铺装上不布置扬声器。
3. 单只扬声器为1×20W。
八、其他
1. 凡与施工有关而未说明之处，参见国家、地方标准图集施工，或与设计院协商解决。
2. 图中所涉及的电器型号只代表其技术参数，设备采购应以建设单位招标文件为准。

图4-48 设计说明

二、灯具表

灯具表（图4-49）中的名称、数量、图例、安装位置需与平面图相对应。此外，还应包含功率、光源、色温、防护等级、外观效果、规格尺寸等其他信息，便于施工单位进行灯具选择并实现预期的白日园林景观及夜间照明效果。

编号	名称	材质	功率	色温	光源	数量	安装位置	备注	图例	外观效果	规格尺寸
LAMP-1	庭院灯	3.5m不锈钢灯柱亚光不锈钢灯体	35W	3000K	TC-D	84	主要道路两侧、停车场	防护等级IP65			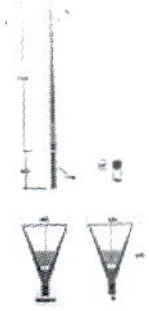
	庭院灯（结合扬声器）					103					
LAMP-2	特色景观灯1	2.6m不锈钢灯柱亚光不锈钢灯体	35W	3000K	TC-D	32	主入口广场	防护等级IP65			
LAMP-3	特色景观灯2	0.4m不锈钢灯柱亚光不锈钢灯体	26W	3000K	LED	11	北侧滨水广场	防护等级IP65			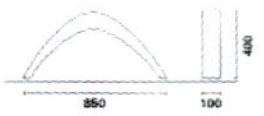
LAMP-4	特色景观灯3	亚光不锈钢灯体	18W	3000K	节能灯	16	南侧桥及栈道周边	防护等级IP65			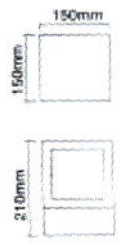
LAMP-5	草坪灯	亚光不锈钢灯体	18W	2700K	节能灯	218	人行道、园路两侧草坪边缘	防护等级IP65			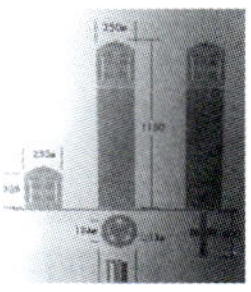

图 4-49　灯具表

三、系统图

本节系统图是指配电箱系统图（图 4-50）及背景音乐系统图（图 4-51）。系统图设计属于电气专业技术，应由电气专业设计人员绘制，本节仅做大体上的介绍。

配电箱系统图中的配电箱编号、回路号、回路设备名称及设备功率应与平面图的各项一一对应。此外，还应表示出各回路管线的规格型号、敷设方式、控制方式、电器规格型号、进线相关信息等。

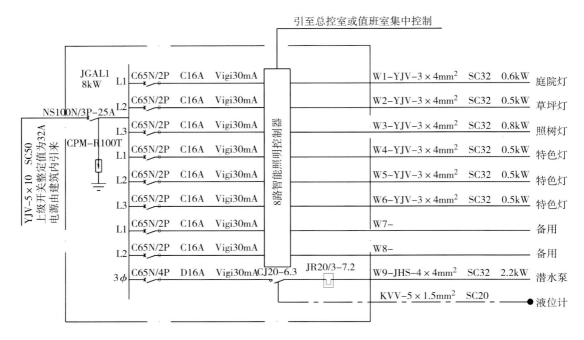

图 4-50 配电箱系统图

背景音乐系统图与配电箱系统图类似，回路号、回路设备数量应与平面图一一对应；还应表示出各回路的管线规格型号、敷设方式、主机功放容量等信息。

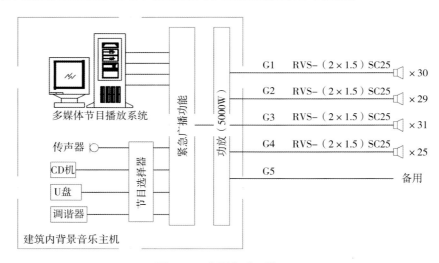

图 4-51 背景音乐系统图

四、平面图

本节平面图包括园林景观灯具布置平面图、园林景观照明平面图（图 4-52）、园林景观动力平面图（图 4-53）、背景音乐平面图（图 4-54）。不同项目应根据自身情况，分别绘制或合为一张平面图。平面图应以某一特定比例绘制，包含配电箱位置及编号，各回路分配及编号以及平面路由。平面图绘制时,应以规范图集为指导,合理地设计最短路由以减少电缆用量和节约电能损耗,并避免穿越建筑、水体等设施,安全合理地将电源配送至园内各用电设备。

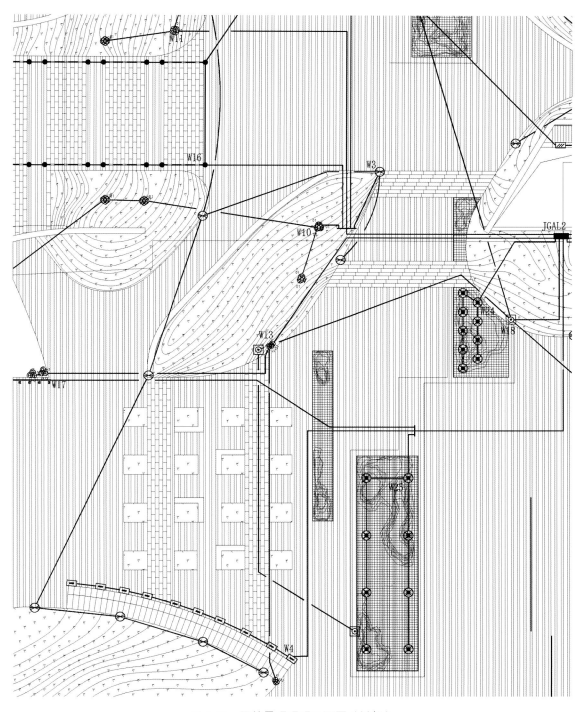

图 4-52 园林景观照明平面图(局部)

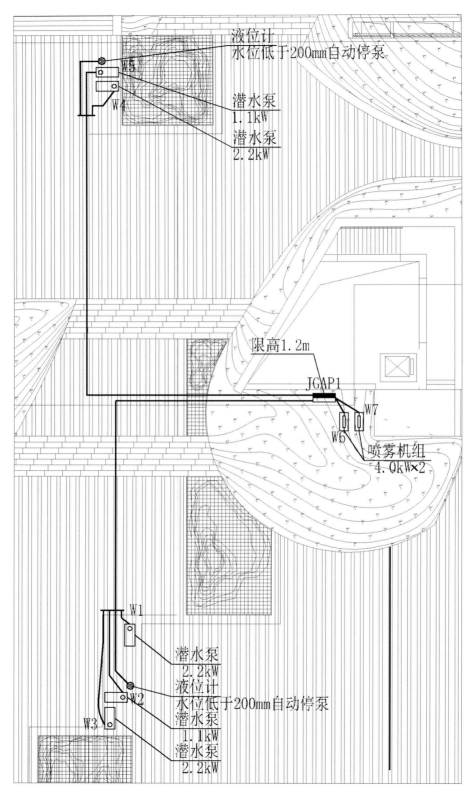

图 4-53 园林景观动力平面图

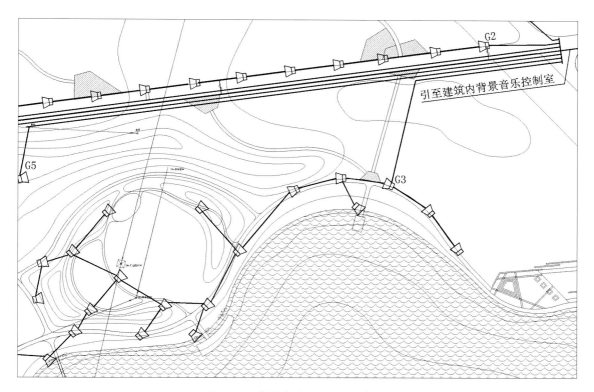

图 4-54 背景音乐平面图（局部）

第五章 植物景观设计工程

第一节 植物景观配置与造景基础

一、植物景观的构成要素

植物具有构成空间和构成景观的功能。构成空间是指植物对空间场所的限定、组织与营造，以及形成空间序列和视线序列，起到围合、连接、障景、控制私密性等作用。构成景观是指植物在景观中作为主景、配景或背景，可以影响空间氛围的形成以及人们对景观的心理感受。其中，植物的高度、分支点高度、密度、枝叶疏密程度、配置方法等因素对植物构成空间的功能影响较大；植物的色彩、质地、外形等因素对植物构成景观的功能影响较大。在植物配置时，要考虑植物在景观设计中所发挥的主要作用。

（一）植物的观赏特性

丰富多样的观赏性状是植物景观多样化的前提。一般来说，植物树形有圆形、圆柱形、垂枝形、尖塔形、卵形等。在进行植物组团景观设计时，应注意形态间的对比与调和，以及轮廓线、天际线的变化。此外，植物枝、叶、花、果的质感和颜色，是人们可直接感知的对象。在植物景观中，应关注植物的观赏季相变化与环境的整体协调。

1. 植物的形态及其观赏特性

在植物的多种特征中，最容易引起人们注意的是植物的形态。形如华盖的龙爪槐、轻飘飞舞的垂柳、挺拔耸立的水杉等，变化多姿的树形（图 5-1）为创造富有特色的绿化空间提供了丰富的素材。一般来说，尖塔状及圆锥状有严肃端庄的效果；圆钝、

图 5-1 变化多姿的树形

钟形树冠一般会产生雄伟浑厚的效果;而一些垂枝类型,常形成优雅、和平的气氛。利用树形特征进行单体造型和培植组合营造气氛是植物景观设计的基本手段。例如,龙柏经常被赋予各种变化的树姿和树形(图 5-2)。

a)　　　　　　　　　　　　b)　　　　　　　　　　　　c)

图 5-2　龙柏变化的树姿和树形

a)修剪形　b)圆钝形　c)尖塔形

2. 植物的色彩及其观赏特性

植物的色彩主要表现为花、叶、果、枝的颜色,形成植物景观的色彩搭配;植物的叶子根据颜色是否在秋天变色分为常色叶与秋色叶两类,凡是秋季叶子有明显变化的树种均称为秋色叶树,形成植物景观的季相搭配(图5-3)。如枫香、鸡爪槭、银杏等,它们是营造多彩绿化空间时尤其应当加以关注的种类。植物花朵的颜色要比叶片更加丰富,红色的合欢、白色的茉莉与白玉兰、黄色的桂花与

 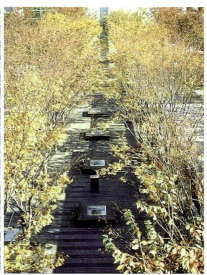

图 5-3　植物景观的季相搭配

蜡梅、紫色的丁香,还有完全人工培育的黑色郁金香,种类无数,色彩斑斓,有时一个植物品种的花就涵盖了所有色系。熟练掌握植物的花期与主要色系,应当是植物景观设计师的基本功,别具匠心地利用好植物的色彩,往往能为一处绿化空间的特色带来画龙点睛的效果。

以下根据植物的色系分类列举出一些常见的植物品种,见表 5-1。

表 5-1　植物色系分类列表

	花朵	果实	叶片	枝干
红色系	垂丝海棠、山桃、杏、梅、樱、日本晚樱、玫瑰、月季、八棱海棠、西府海棠、贴梗海棠、碧桃、石榴、牡丹、山茶、杜鹃、锦带花、合欢、绣线菊、紫薇、榆叶梅、紫荆、木棉、毛刺槐、扶桑等	小檗类、平枝栒子、山楂、冬青、枸杞、火棘、樱桃、郁李、构骨、金银木、南天竹、柿树、石榴等	鸡爪槭、五角枫、茶条槭、枫香、地锦、樱花、紫叶小檗、漆树、盐肤木、黄连木、柿树、黄栌、花椒、乌桕、石楠、卫矛、山楂等	马尾松、杉木、山桃、红瑞木
黄色系	迎春、连翘、金钟花、桂花、棣棠、黄刺玫、蜡梅、金银木、黄丁香、金银花、栾树等	银杏、梅、杏、柚、甜橙、佛手、柑橘、木瓜、贴梗海棠、沙棘等	银杏、白蜡、鹅掌楸、加拿大杨、柳、梧桐、榆、槐、白桦、复叶槭、栾树、栓皮栎、悬铃木、胡桃等	黄桦、黄金竹等
蓝紫色	紫藤、紫丁香、泡桐、八仙花、杜荆、醉鱼草、紫穗槐等	紫珠、葡萄、十大功劳、李、桂花、白檀等	—	紫竹
深绿色	—	—	油松、黑松、圆柏、雪松、云杉、青杆、侧柏、山茶、女贞、桂花、广玉兰等	
浅绿色	—	—	落叶松、金枝国槐、金钱树、白杆、蓝粉云杉、七叶树、鹅掌楸等	竹类、梧桐等
白色系	白丁香、溲疏、山梅花、女贞、广玉兰、玉兰、珍珠梅、栀子花、梨、白花山碧桃、刺槐、银薇、红瑞木、四照花、六道木、络石等	红瑞木、花椒	—	白皮松、白桦、胡桃、毛白杨、悬铃木等
黑色系	黑郁金香、黑牡丹	小叶女贞、五加、小叶朴、鼠李、常春藤、君迁子、金银花等	—	

3. 植物的质感观赏特性

植物材料的质感特征是由植物的枝干特征、叶片形状、立叶角度、叶片质地、叶面颜色等构成的。粗大、致密的枝干（如松、柏）和斑驳、皱裂的树皮（如柿树、国槐）使得植物的质感粗糙；而细弱、稀疏的枝干（如垂柳）和光滑柔软的树皮（如小叶桉、梧桐）使得植物的质感精细；粗大、革质、多毛多刺的叶片（如广玉兰、悬铃木）使得植物的质感粗糙；而细小、规则的叶片（如刺槐、金丝桃）使得植物的质感精细；比较直立的立叶角度和较深的叶色（如丝兰、箬竹）使得植物的质感粗糙；而下垂的立叶角度和较浅的叶色（如柳树、合欢）使得植物的质感精细。

质感不同的植物会产生不同的情趣。例如，质感粗糙的植物富有野趣，质感精细的植物容易形成整齐、正式、严肃的气氛。以草坪为例，修剪精细的狗牙根适合于纪念性广场的严肃气氛（图 5-4a）；任其生长的野茅草宜配置于野趣横生的山间别墅（图 5-4b）；而略加控制的野草给人天然去雕饰之感，适合城市滨水空间的坡地、角隅。

图 5-4 草坪

a) 质感精细的草坪　b) 野趣横生的茅草

在特定的空间中,不同质感的组合可以产生不同的设计意图,如营造空间气氛,改变空间的尺度感与景深,处理空间的转化、过渡等,具体方法如下。

(1) 营造空间气氛。植物材料的质感本身可以成为空间气氛的调节剂。在复杂多变、混乱的空间环境中,应用单一的质感可使空间产生统一感,例如质感单一的草坪可以作为统一多种花草的基调,避免景观琐碎(图 5-5a);相反,在单调乏味的空间中,应用多样的质感对比手法种植,可以活跃气氛,例如质感粗糙的月季丛可以打破修剪整齐的绿篱的单调感(图 5-5b)。

图 5-5 营造空间气氛

a) 单一的质感产生统一感　b) 多样的质感活跃气氛

（2）改变空间尺度感与景深。植物材料的粗糙质感产生空间前进感，使空间显得比实际小；植物材料的细腻质感产生空间后退感，使空间显得比实际大。人对空间透视的基本感受是近大远小、近清楚、远模糊。利用以上原理，在特定的空间中，把质感粗糙的植物作为前景，把质感细腻的植物作为背景，相当于夸张了透视效果，产生视觉错觉，从而可以加大景深，扩大空间尺度感。

（3）处理空间的转化、过渡。植物材料的质感特性可以作为解决空间气氛转变的要素之一。如果要使空间气氛变化自然，质感中等的植物材料可以作为质感粗糙与质感细腻的植物材料之间的过渡（图5-6a）；如果要使空间气氛的变化强烈，则要加大质感对比（图5-6b）。

a） b）

图5-6 处理空间的转化、过渡

a）空间气氛的变化自然 b）空间气氛的变化强烈

4. 植物的芳香及其观赏特性

一般艺术的审美感知，多强调视觉与听觉的感知，唯有植物景观中的嗅觉感知具有独特的审美效应。人们通过嗅觉感知植物的芳香，得以绵绵柔情，引发种种醇美回味，产生心旷神怡之感。所以熟悉和了解植物的芳香种类（如绿茵似毯的草坪芬芳、香远益清的荷香），设计好植物开花的时间对植物景观芳香设计是至关重要的。

5. 植物景观的季相变化及其观赏特性

由于物候期的变化，植物随着季节的推移而时刻变换着外貌。对于这种景观的季节变化，并不是听任自然，不经安排的。把植物景观在一年四季中的变化，根据场地空间多种功能的综合要求与艺术节奏结合起来，做出多样统一的安排，就能形成丰富多彩的季相构图（图5-7）。每一处植物景观，每一种植物类型，在季相布局上，应该各具特色，可以春花为高潮，也可以秋实为高潮。

另外，季相交替在各种种植类型的安排上，也十分重要。要安排一年四季的季相构图，不能一季开花、一季萧条，呈现偏荣偏枯的现象。

图 5-7 丰富多彩的季相构图

6. 植物的文化内涵

某些植物除了具有以上这些外在特征外，还具有一定的文化含义，它们构成了植物的潜在内涵。中国文人多喜欢在自家庭院中种植一些特定植物，如竹子，因为竹子在中国文化中代表了虚心和气节，每日观竹相当于时时提醒自己做学问要虚心，做人要有气节（图5-8）。熟悉并且掌握某些植物的文化寓意，并巧妙利用这一点，可以在营造植物景观空间中具有更高的文化品位。

图 5-8 植物材料的文化内涵

（二）构景形态

植物景观在城市公共空间景观设计上的构景形态一般分为以下三类。

1. 树木景观形态

树木景观形态包括乔木、灌木及木质藤本植物等。具体按景观形态与组合方式又分为孤景树、对植树、树列、树丛、树群、树林、绿篱造型树、模纹与色块、攀缘造景及植物地被等。

（1）孤景树（图5-9）：又称孤植树，是指用单株树木或大型灌木丛独立配置成景的树木造型类型。孤景树是作为空间的主景构图而设置的，以表现自然生长的个体树木的形

图5-9　孤景树

态美或色彩美。在功能上以观赏点景为主，同时也具有良好的遮阴效果，常用于广场、大草坪及湖滨绿地空间等。

（2）对植树：是指按一定轴线关系对称或均衡对应配置的两株或具有两株整体效果的两组树木景观。对植树主要作为配景或夹景，以烘托主景或增强景观透视的前后层次和纵深感。通常用于建筑物入口两侧道路起端，以及庭院游憩园地的出入口等绿地空间。

（3）树列（图5-10）：又称列植树，是指按一定间距沿直线纵向排列或沿某一曲线方向排列种植配置的树木景观。树列景观比较整齐，有气势，具有较强的视觉冲击力，景观特征显著，易引人注目，景观空间感较强。常用于道路绿地或空间边缘种植的行道树、边界树以及规则式林带景观等。

图5-10　树列

（4）树丛：是指由多株（两株到十几株不等）树木不规则近距离组合而成，具有一定整体效果的树木群体造景类型。树丛景观主要反映自然界树木小规模群体形象美。这种群体形象美又是通过树木个体之间的有机组合与搭配来体现的，彼此之间既有统一的联系，又有各自的形态变化。树丛在空间景观构图上，常作为局部空间的主景，或配景、障景、隔景等，

同时也具有遮阴作用。常应用于水边、河畔、草坪及广场边隅等。

（5）树群（图5-11）：是指由几十株树木组合栽植，具有一定规模的树木群体景观。树群所表现的是较树丛规模更大的一些树木群体形象美，景观色彩和形态特征更为显著。通常作为开放空间艺术构图的主景或配景等，有时也利用单个树种、树群的色彩单纯性，作为衬托前景的背景。

图5-11 树群

（6）树林：是指景观绿地中成片、成块种植配置的大面积树木景观。如公园安静休息区的休憩林，风景游览区的风景林以及城市防护绿地中的卫生防护林、防风林、水土保持林、水源涵养林等。树林具有明显的保护和改善城市公共空间生态环境、调节气候、维持生态平衡等作用，同时又能满足人们休息、游览和观赏等需求。

（7）绿篱（图5-12）：是指灌木做近距离密集列植成篱状的树木景观。绿篱常用来做边界、空间分隔、屏障，或作为花坛、花境、喷泉、雕塑的背景与基础造景。种植绿篱按高度、功能和观赏特性不同，可分为矮篱、中篱、高篱、绿篱、常绿篱、花篱、观果篱、彩叶篱、刺篱等类型。绿篱造景多运用于规则式或混合式绿地空间，具有整齐、统一、约束和隔离的空间效果及特征。

图5-12 绿篱

（8）造型树：是指将一株或数株耐修剪树木进行人工艺术造型所形成的园林筑物景观。树木艺术造型题材多样，如动物、建筑、几何体、人物及抽象式造型等，一般选用常绿针叶树种或落叶小叶灌木等。在法国欧式园林中也有以阔叶大乔木作为修剪列植景观，常沿轴线布置，如巴黎的埃菲尔铁塔前景观（图5-13），其修剪乔木为法桐。

图5-13 巴黎的埃菲尔铁塔前景观

（9）模纹与色块：是指用大面积灌木密集种植配置成具有一定平面图案形状和色块效果的植物景观。植物模纹与色块造景要求观赏树木的群体色彩美和图形美。自由、曲折、流畅的模纹与色块，在动态观赏时更具有一种动态美感。常用于广场、草坪和花坛中。

（10）攀缘造景：攀缘造景又称垂直绿化，是利用木质藤本植物攀附于建筑物墙垣、棚架、格栅及山石之上，形成垂直方向上的绿色植物景观。

（11）植物地被：是指密集生长覆盖于地面或岩石上的低矮木本植物景观。植物地被具有水土保持等良好的生态保护功能，并富有自然野趣。无须投入较多的养护管理，通常由一些"乡土树种"来担当这一角色。

2. 花卉景观形态

花卉景观是以各种木本、草本花卉为主要造景材料，着重表现草花的群体色彩美和图案装饰美，具体造景类型有花坛、花台、花境、花丛、模纹花带、花箱、花钵等。

（1）花坛：是指在低矮的有一定几何形轮廓的植床内，以园林草花为主要材料布置而成的，具有艳丽色彩或图案纹样的园林植物景观。花坛在景观中常用作主景、配景或对景，广泛运用于广场围合空间布置、景观轴线两侧对植布置、道路交叉口以及休闲游憩绿地布置等。

（2）花台：是指在较高的空心台座式植床中填土或人工基质，主要种植园林草花所形成的景观。花台一般面积较小，适合近距离观赏，以表现花卉的色彩、芳香、形态及花台造型等综合美。

（3）花境（图5-14）：是指以多年生草花为主，结合观叶植物和一二年生草花，沿绿地边界或路缘布置而成的园林植物景观。花境中的花卉往往色彩丰富，形态丰富优美，花期或观赏期一般较长，不需要经常更换，管理经济方便，能较长时间地保持其群体自然景观，具有较好的群落稳定性和季相变化。

图5-14 花境

（4）花丛：是指直接布置于绿地中，植床无维护材料的小规模花卉群景观。花丛景观色彩鲜艳，形态多变，常布置于树下、林缘、路边、草坪、岩石处，以点面形式布置。

（5）模纹花带：是指将大量的花卉直接种植在绿地中，植床无围边，具有带状模纹图案的花卉群体景观，通常用于规则式绿地。

（6）花箱、花钵：是指用木、竹、塑料、水泥、陶瓷、玻璃钢等材料制成各种箱、钵状造型的种植容器，并填上培养土，栽种各种花卉的园林造景类型。花箱、花钵可以单独布置，也可组合造型，其特点是移动方便，布置灵活，适用于多种场合的布置，尤其能满足临时造景的需要。

3. 草坪景观形态

草坪就是平坦的草地。草坪的类型多种多样：按功能分为观赏草坪、游憩草坪、运动草坪、护坡草坪等；按组成成分分为单一草坪、混合草坪、缀花草坪；按季相特征与生活习性分为冷季型草坪、暖季型草坪；按草坪与树木组合配置方式分为空旷草坪、开朗草坪、稀疏草坪、疏林草坪、林下草坪等。草坪草种的种类需要根据使用地域的气候特征以及使用功能进行选择。

（三）空间特征

植物具有强烈的空间结构特征和建造功能，与其他建筑材料一样，是景观空间中的一个重要组成部分。将绿色植物的景观构成要素与人工环境中的空间组成要素相结合，按照人们对植物环境的视觉审美需求，探索在特定地域空间内由植物材料所构成的空间景观的各种类型及组合方式。

二、植物景观设计的基本原则

（一）科学性原则

1. 因地制宜，适地适树

创造良好植物景观的前提是要保证植物的正常生长，因此要因地制宜、适地适树，使植物本身的生态习性与栽植地点的生态条件统一。要尽量选用乡土树种，适当选用已经引种驯化成功的外来树种。

2. 合理设置种植密度

树木的种植密度是否合适决定了景观效果的差异，也影响其自身生长情况。考虑到成景效果，应根据成年树木的树冠大小来确定种植距离。

在具体实施中，如果要求即刻呈现良好的植物景观，则应根据设计情况选用相应规格的成型苗；如选用小苗，为提高景观效果，前期可进行计划密植，到一定时期后，再进行疏植，以达到合理的植物生长密度。

在进行植物密度设计时，要考虑速生树种与慢生树种的生长情况，保证在一定时间内植物景观的相对稳定性。

3. 丰富生物多样性

为保护生态平衡，在植物景观设计中，应尽可能实现植物品种的多样性，保证植物群落的稳定。

（二）艺术性原则

1. 注重布局形式

植物景观设计的种植形式要依托于该场地的空间布局及设计意图。

2. 注重植物季相

植物景观的季相变化是景观营造中植物元素所特有的艺术效果。随着季节变化，植物的季相景观具有暂时性和周期性，设计中要同时考虑季中和季后效果。在重点地区，要兼顾四季有景。北京地区对于植物季相的考究一般表现为三季有花、四季常绿。

3. 注重观赏特征

植物景观设计的选种搭配上要充分发挥植物个体的观赏特征（形、色、香、姿）。

4. 注重群落搭配

在考虑单体植物观赏特征的同时，也要考虑植物群体的景观展现。

5. 注重与其他园林要素的关系

包括山（石）、水、建筑物（构筑物）、道路等园林要素之间的搭配关系。

（三）功能性原则

植物景观设计需要针对不同类型、不同功能的景观绿地，选择与之相适应的植物种类及配置方式，从而更好地发挥其绿地属性和功能要求，形成和谐统一的园林景观。例如，街道植物景观设计主要考虑遮阴。

（四）经济性原则

经济性原则可从以下三方面来考究：一是节约成本，以较少的投入实现改善城市环境、提高社会效益的作用；二是低养护、便管理，考虑植物景观后期的养护和管理费用；三是创造经济效益，园林植物的经济价值十分可观，可以结合植物特征发挥其生产的作用。

（五）生态性原则

植物景观能够发挥生态效益，改善区域生态环境，创造适于人类生活的绿色空间。近年来备受关注的"海绵城市"及雨水花园、垂直绿化、屋顶绿化等概念就是利用科学的栽植养护方式搭配相应的具有一定生态特征的植物，形成生态节能绿化美化的方式，该方式已积极地推行到城市公共空间建设之中。

（六）文化性原则

创造赋有文化内涵的植物景观能够提升场所空间的精神意境。伴随着中国古典园林造园的发展，植物的不同特征多被赋予了某种文化性格。如梅兰竹菊、玉堂春富贵、松寿延年等。同样，地域性代表树种、花卉，也是对植物文化性的体现。

另外，植物景观能够塑造城市风情、文脉特色，成为一个城市的文化标志。如北京香山公园的红叶、陶然亭公园的桃花、钓鱼台的银杏等。

第二节　植物景观设计基础理论

前文所提及的构景形态往往不是独立存在于一个景观环境中的，如何将各种构景形态合理地搭配运用，就需要有合理地植物配置手法。

一、植物景观配置的基本形式

（一）自然式

自然式又称风景式、不规则式，植物景观呈现出自然状态，无明显的轴线关系，各种植物的配置自由变化，没有一定的规律。种植充分发挥树木自然生长的姿态，不求人工造型；充分考虑植物的生态习性和植物种类的多样性，以自然界植物生态群落为蓝本，创造生动活泼、生机盎然的自然景观。自然式种植犹如在立体空间中，运用树木花草勾勒立体画卷，如自然式丛林、疏林草地、随意分布的灌木丛以及纷繁交错的自然式花境等。

图 5-15　自然式植物景观

自然式植物景观（图 5-15）常用于自然式的小游园集中和远离建筑物的绿地景观空间，具有柔和、舒适、亲近的空间艺术效果。

（二）规则式

规则式又称整形式、几何式等。植物景观设置成行成列，株行距均等，或做有规则的简单重复，或具规整形状，多使用绿篱、模纹景观及草坪等。花坛多为几何形，花卉布置以图案式为主，或组成大规模的花坛群，草坪平整而具有直线或几何曲线的边缘。

规则式植物景观（图 5-16）通常运用于规则式或混合式布局的环境中，具有整齐、严谨、庄重和人工美的艺术特色。

图 5-16　规则式植物景观

（三）混合式

混合式（图 5-17）是规则式与自然式相结合的形式，通常指一定范围内的群体植物景观，如广场或滨水空间的所有植物景观。

图 5-17　混合式植物景观

二、植物景观配置的层次搭配

植物景观营造时应注重层次搭配，以乔木、灌木、藤本、地被等进行多层次配置，实现群落化景观。这种方式在平面上表现为林缘线的设计，在立面上表现为林冠线的设计。配置时，背景树一般应高于前景树、栽植密度大、色调深，形成绿色屏障；前景树一般选择姿态优美的常绿、落叶大乔木，与观花、观叶的小乔木、花灌木等搭配种植。在营造群落化植物景观时，不同植物的欣赏花期时段应一同考虑在内。

三、植物景观配置的季相特征

植物的季节性演替和花期特点可以营造园林时序景观,体现植物季相景观特色。四季植物季相给人以时令启示,一些重点区域的植物景观一般要求四季有景、三季有花,对常绿树与落叶树的比例有一定设计要求,保证四季景观(图5-18)。

图5-18 植物的季相变化

四、北方植物景观的树种选择

结合实际应用,根据植物的类型列出以下常用植物品种。

(一)基调树种

侧柏、圆柏、油松、国槐、白蜡、栾树、法桐、香樟、毛白杨、旱柳。

(二)骨干植物

(1)落叶乔木:银杏、加拿大杨、垂柳、旱柳、馒头柳、刺槐、龙爪槐、合欢、栾树、绒毛白蜡、元宝枫、海棠类、紫叶李、杜仲、玉兰、胡桃、柿树、臭椿、千头椿、兰考泡桐。

(2)常绿乔木:白皮松、油松、华山松、雪松、龙柏、早园竹。

(3)落叶灌木:黄刺玫、珍珠梅、榆叶梅、玫瑰、桃(观花品种)、紫叶矮樱、贴梗海棠、月季、紫薇、木槿、紫丁香、连翘、迎春、金叶女贞、金银木、紫叶小檗、太平花、紫荆、红王子锦带、红瑞木、棣棠。

(4)常绿灌木:叉子圆柏、锦熟黄杨、大叶黄杨、扶芳藤。

(5)落叶藤本:地锦、五叶地锦、紫藤。

(6)宿根花卉:芍药、宿根福禄考(锥花福禄考、天蓝绣球)、东方罂粟、假龙头(芝麻花)、八宝、粗壮景天、松塔景天、白花景天、大花萱草、美国紫菀、早小菊类(北京小菊、日本小菊、地被菊)、鸢尾类、蜀葵、蛇鞭菊、金光菊、天人菊、大花金鸡菊、黑心菊、大滨菊、一枝黄花、火炬花、马蔺、射干、玉簪、荷包牡丹、蓝蝴蝶、大花秋葵、荷兰菊。有些地方还可应用一些自播繁衍能力强的年生花卉,效果也很不错,如波斯菊、孔雀草、二月兰等。

(7)草坪及草本地被植物:草地早熟禾、高羊茅、野牛草、麦冬、白三叶、多年生黑麦草、冷—暖混播。

(三)一般植物

(1)落叶乔木:抱头毛白杨、小叶杨、钻天杨、新疆杨、沙兰杨、金丝垂柳、龙爪柳、山桃、山杏、山楂、杜梨、樱花、日本晚樱、木瓜、山楂(山里红)、稠李、五叶槐、毛刺槐、红花刺槐、皂荚、山皂荚、小叶朴、青檀、榉树、白桦、榆树、大果榆、欧洲白榆、垂枝榆、圆冠榆、榔榆、桑树、龙桑、构树、柘树、糠椴、紫椴、蒙椴、一球悬铃木、二球悬铃木、三球悬铃木、黄栌、火炬树、水杉、香椿、楝树、梧桐、柽柳、文冠果、丝绵木、毛梾(车梁木）、枫杨、龙爪枣、枣树、酸枣、欧洲栎、槲栎、麻栎、辽东栎、栓皮栎、鹅耳枥、板栗、七叶树、鸡爪槭、三角枫、白蜡、大叶白蜡、流苏、雪柳、君迁子、黄金树、楸树、灰楸、刺楸、梓树、薄壳山核桃、毛叶山桐子、黄檗、北京丁香、暴马丁香、吴茱萸、苦木、盐肤木、沙枣（桂香柳）、杂种马褂木、二乔玉兰、木兰、望春玉兰、常春二乔玉兰、玉铃花、灯台树、毛泡桐、楸叶泡桐、复羽叶栾树、皂角树。

（2）常绿乔木：杜松、千头柏、华北落叶松、美国香柏、金塔柏、圆枝侧柏、樟子松、扫帚油松、乔松、白杆、青杆、辽东冷杉、西安桧、河南桧、丹东桧、蜀桧、黑松、红皮云杉、女贞、黄槽竹。

（3）落叶灌木：溲疏、大花溲疏、蔷薇类、丰花月季（杏花村）、鸡麻、金丝桃叶绣线菊、绣线菊、华北绣线菊、绒毛绣线菊、郁李、麦李、平枝枸子、水枸子、毛樱桃、白绢梅、齿叶白鹃梅、梅花、垂丝海棠、细叶小檗、大叶小檗、鼠李、锦带花、海仙花、六道木、扁担杆、花叶锦带花、天目琼花、欧洲琼花、接骨木、金叶接骨木、小叶女贞、花叶丁香、欧洲丁香、蓝丁香、裂叶丁香、猬实、糯米条、石榴类（重瓣红石榴、矮本花石榴等品种）、蜡梅、金叶风箱果、鱼鳔槐、紫穗槐、锦鸡儿、牡丹、白棠子树（小紫珠）、海州常山、荆条、花木蓝、华北香薷、胶东卫矛、丝棉木、卫矛、郁香忍冬、新疆忍冬、花楸、东陵八仙花、山茱萸、枸橘、花椒。

（4）常绿灌木：千头柏、金叶桧、鹿角桧、铺地柏、爬地龙柏、矮紫杉、金心大叶黄杨、银边大叶黄杨、金边大叶黄杨、朝鲜黄杨、雀舌黄杨、粗榧、日本女贞、凤尾兰、箬竹、紫竹、银斑大叶黄杨。

（5）落叶藤本：美国凌霄、凌霄、山葡萄、木香、金银花、红花金银花、蔓性卫矛、花蓼、南蛇藤、三叶木通、布朗忍冬、苔尔曼忍冬、黄花铁线莲、槭叶铁线莲、大瓣铁线莲。

（6）宿根花卉：石竹、常夏石竹、瞿麦、蓍草、白头翁、千屈菜（水柳）、费菜、大花剪秋萝、桔梗、耧斗菜类（华北耧斗菜、黄花耧斗菜等）、玉竹、紫露草。此外，还有一些宿根花卉以外的植物如蕨类植物荚果蕨；部分球根花卉如葡萄风信子、兰州百合；小气候较好的地方，年生花卉美人蕉、美女樱等也可尝试应用。

（7）草坪及草本地被植物：多变小冠花、垂盆草、苦荬菜、紫花地丁、蛇莓（小面积种植）、崂峪苔草、异穗苔草（大羊胡子）、二月兰。

第三节 植物景观设计分类概述

植物景观设计按照设计类型可分为城市广场、城市道路、城市公园及街旁绿地、城市建筑周边、滨水空间等。

一、城市广场的植物景观设计

广场是城市公共空间中最具活力和标志性的部分，是城市形态的载体和精神文明的窗口。城市广场是提供休闲、娱乐及集会活动等的场所。

城市广场的植物景观设计不仅可以起到限定空间、组织序列、衬托主题的作用，还可以调节环境微气候、营造绿色氛围，是广场设计中重要的组成部分。

广场的植物景观应该与广场性质一致。城市广场的类型很多，大致可分为集会型广场、纪念型广场、文娱型广场。

（一）集会型广场

集会型广场用于政治文化集会、庆典游行、检阅礼仪等，多位于城市中心地区。这类广场的植物景观往往都要求具有一定的政治含义或象征意义，不仅要求具有严肃、雄伟的氛围，而且有的还要求具有简洁、和谐的氛围。

天安门广场（图5-19、图5-20）的植物景观搭配简洁、庄严。其种植配置布局采用中轴对称式，以油松作为主要绿化树种，油松苍翠挺拔的姿态凸显稳重而庄严的氛围，给人民英雄纪念碑做了很好的衬托，将中华民族坚强的革命精神鲜明地表现出来。

在广场中央的毛主席纪念堂（图5-21）四周是以苍松翠柏为主的绿化带，树种有北京油松、青岛雪松、桧松和白皮松；还有36株山里红（即红果树），13株延安青松。绿化带以油松为主，植于外侧，共有三行，油松的内侧有36株山里红，再内侧是雪松。油松刚劲挺拔，四季常青，衬托出纪念堂庄严肃穆的气氛，延安人民敬献的13株青松就栽植在这片松树林中。山里红是我国北方劳动人民传统喜爱的果树，它春天白花满树，秋天红果累累，别具一格；又由于它的叶子宽阔，与松树细长的针叶相衬，增加了绿化带的细节美观。雪松原产于我国西藏

图5-19　天安门广场实景

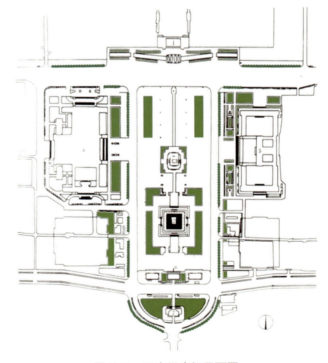

图5-20　天安门广场平面图

南部，其主干高耸，侧枝平展，树型似塔，气派雄伟，起到了烘托纪念堂宏伟建筑的作用。特别是雪松独特的尖塔型树冠与山里红的圆形树冠，一高一低，交错布局，丰富了绿化带的层次。绿化带的南北两端都点缀了馒头柳和白皮松，每年初春馒头柳争先披上绿装，为纪念堂庭园最早送来春天的信息。绿化带南端成丛的桧柏，体型高耸，色调浓重，与树冠浑圆、叶色嫩绿的馒头柳相互衬托，形成气势磅礴、欣欣向荣的景观。

图 5-21 毛主席纪念堂

重庆西永广场（图 5-22）种植设计遵循了风格的地域性、经济的合理性、生态的科学性、配置的艺术性等基本原则。种植断面由内向外，以单株、树林草地、灌木树林、林荫广场为递进关系。在骨干树的选择上以黄桷树、小叶榕、香樟等乡土树种为主，搭配色叶乔木悬铃木、银杏等。种苗要求为树形挺拔、分支点高的树种，形成整个广场的种植结构，兼有行道树和庭荫树的性质。点景树以黄桷树、小叶榕为主，选择树形饱满、姿态优美的树种孤植在广场的草坪上，形成疏林草地植被群落景观。绿篱以珊瑚树、红花檵木、红叶石楠、雀舌黄杨为主要树种，选择时主要考虑了常绿、色叶、开花、繁密、修剪高度等因素。在满足功能的基础上，形成西永广场立体丰富的植物景观类型。

图 5-22 重庆西永广场

（二）纪念型广场

纪念型广场是指为缅怀历史事件人物而修建的广场，突出某一主题，多设雕塑、纪念碑等构筑物。其植物景观特点以烘托纪念性的气氛为主。植物种类不宜过于复杂，以常绿类为主，在布局形式上多采用规则式配置，以植物的苍翠挺拔、万古长青等寓意烘托气氛。

图 5-23　李大钊烈士陵园内景

李大钊烈士陵园（图 5-23、图 5-24）的植物景观搭配以松柏为主，平面四周绕以万年青等花景。烈士墓位在高出地面约 1m 的方形台上，方台最西面是用黑色大理石镶嵌而成的烈士墓碑，整个墓地建筑位于陵园前部，前面有可容纳五六百人举行纪念活动的广场。广场和墓地三面绕以成林的翠竹，更添青春和永恒的色彩。

图 5-24　李大钊烈士陵园远景

（三）文娱型广场

文娱型广场：是城市中分布最广、数量最多、形式最多样的广场。其植物景观特点可根据此类型广场的自身特点进行设计。

海淀区中关村广场（图 5-25、图 5-26）地处既有深厚历史文化，又具有科研氛围的中关村核心区。其植物配置形式丰富多样，既有整齐有序的树阵广场、彩色花篱，又有自然搭配的开敞草坪、疏林草地，满足不同类型人群的使用需求。

图 5-25　海淀区中关村广场鸟瞰

图 5-26　海淀区中关村广场近景

广场植物选择以乡土树种为主，选用树形端正、姿态饱满的垂柳、栾树、银杏、白蜡、千头椿等，常绿乔木选择雪松、油松、圆柏等。以紫叶李点缀于广场节点位置，珍珠梅配置于林下空间，以月季（市花）、大叶黄杨、沙地柏勾勒出广场绿地形态，季节性布置石竹、矮牵牛等草本花卉。

二、城市道路的植物景观设计

道路绿化的类型具有狭义和广义之分，狭义的道路绿化仅指城市干道的绿化；广义的道路绿化包括城市干道、居住区、公园绿地和附属单位等各种类型绿地中的道路绿化。道路绿化分为城市道路绿化和园林道路绿化两个部分。城市道路绿化是城市绿地系统的重要组成部分，是体现城市绿化风貌与景观特色的重要载体；园林道路绿化是指园林绿地中园路的绿化，要注重通行功能，考虑美观、步移景异的效果。

（一）城市道路布局与植物配置形式

1. 城市道路断面的布置形式

常见城市道路断面的布置形式有一板二带式、二板三带式、三板四带式、四板五带式。"板"是指机动车或非机动车车行道，而"带"则是指绿化带或植有行道树的人行道。

（1）一板二带式（图 5-27）：在车行道两侧的人行道分隔带上种植行道树，人行道两侧为道路绿化带。

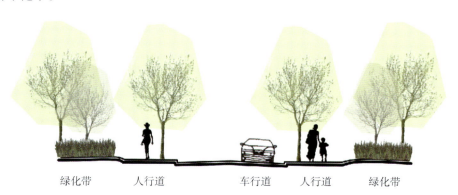

图 5-27　一板二带式

（2）二板三带式（图5-28）：在分割单向行驶的两条车行道中间进行绿化，并在道路两侧布置行道树。

图 5-28　二板三带式

（3）三板四带式（图5-29）：利用两条分隔带把车行道分成三块，中间为机动车道，两侧为非机动车道，分隔带连同车道两侧的行道树共为四条绿带。

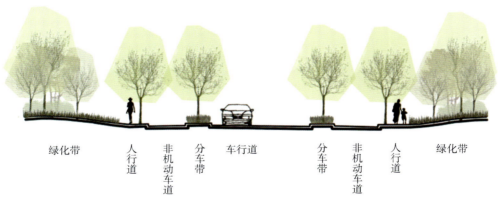

图 5-29　三板四带式

（4）四板五带式（图5-30）：利用三条分隔带将车道分为四条，从而规划出五条绿化带，以便各种车辆上行、下行互不干扰，有利于限定车速和交通安全。

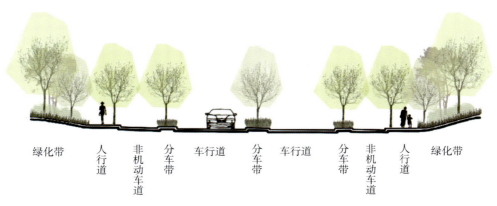

图 5-30　四板五带式

此外，还有其他布置形式，在此不做详细介绍。

2. 城市道路绿化配置形式

城市道路绿化具有优化交通、组织街景、改善小气候三大功能，并以丰富的景观效果、多样的绿地形式和多变的季相色彩影响着城市景观空间品质。

城市道路绿化中一般要栽植行道树，为行人及车辆遮阴，同时划分空间层次、美化街景。其形式上主要分为：

（1）树带式（图5-31）：在交通及人流不大的路段的人行道和车行道之间，常留出一条不小于1.5m的种植带，配置大乔木和绿篱。

（2）树池式（图5-32）：在交通量较大、行人多而人行道又狭窄的路段，可设计正方形、长方形或圆形空地，种植花草树木，形成池式绿地。

图5-31 树带式

图5-32 树池式

北京常用作行道树的树种有国槐（市树）、白蜡、栾树、千头椿、悬铃木、银杏等。

城市道路绿化中分隔带的配置受其宽度影响，植物的选种和形式有很多，北京地区常见的有以下两类：

（1）1.5~2 m（图5-33、图5-34）：这类分隔带出现于双向机动车道中央或机动车道与非机动车道之间，以行道树配以绿篱的方式呈现。北京适宜种植的种类有大叶黄杨、小叶黄杨、金叶女贞、桧柏等。

图5-33 1.5~2m分隔带断面图

图5-34 1.5~2m分隔带实景

（2）3~5m（图5-35、图5-36）：这类分隔带出现于双向机动车车道中央，因宽度较大，植物景观搭配方式较为丰富。

图 5-35　3~5m 分隔带断面图

图 5-36　3~5m 分隔带断面实景
（海淀区学院路道路中央分隔带）

这类分隔带以自然式搭配为主，间断式配置与道路两侧相同或相异的行道树。分隔带布置层次讲究视线的节奏，时而以大乔木搭配地被花卉形成视线的通透，时而以针叶树搭配小乔木、花灌木形成视线的分隔。

5m 以上的道路分隔带也遵循自然式搭配方式（图 5-37）。

图 5-37　5m 以上分隔带断面图（北京西南二环）

在城市道路绿化中，有一类较为特殊的绿化类型，即防护型道路绿化设计（图 5-38）。应选用抗污染、滞尘、吸收噪声的植物。采用由乔木群落向小乔木群落、灌木群落、草坪过渡的形式，注重立体绿化层次，从而起到良好的防护作用和景观效果。

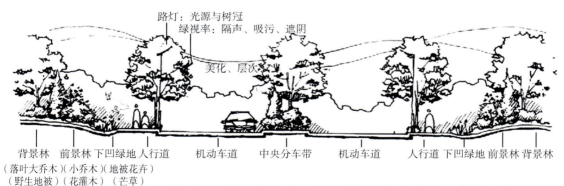

图 5-38　防护型道路断面图

道路绿化环岛在城市道路绿化中具有重要意义，是以组织交通空间为特征的环境艺术。其植物配置要充分考虑景观多样性，要融合文化价值、社会价值、生态价值、美学价值等。

3. 城市道路绿化实例

（1）北土城奥运景观大道（图5-39）的路口节点注重仪式感，是北京中轴线的延续。其植物搭配采用严谨规则的对称形式，运用了大叶黄杨、千头椿、银杏等树种，乔木采用行列的种植方式，简洁、大气。

图 5-39　北土城奥运景观大道

（2）北京房山高端制造业基地道路系统景观植物设计（图5-40）将中西方造景手法相结合，既有表现高端大气的开场草坪、科技感十足的曲线设计，又兼具中国园林中堆土成山地形的塑造以及自然式植物景观的配置。

图 5-40　北京房山高端制造业基地道路系统景观植物设计平面

从大环境区域出发，通过乡土化的树种选择、多样化的功能性种植方式等完善道路绿化的生态功能，使之成为保护动植物多样性的绿色生态廊道。

制造业基地以森林式绿化组成了简洁而科技感十足的园区门户景观。做到三季有花、四季常绿、特色清晰、适地适树，形成一条优美的景观廊道。

1）现状情况：道路南侧50m、北侧20m范围为道路绿带，各向两侧扩展弹性防护林带。北侧有间断性厂房建筑。

2）设计对策：沿车行道一侧（南侧）设计高约 1.5m 的自然式微地形、人行游园小路，搭配春景特色花灌木及地被，将两侧道路绿带转变为集休闲、娱乐一体的休憩绿地。

该案例道路断面如图 5-41 所示。以银杏作为行道树，中央分车带以碧桃、榆叶梅为特色植物。两侧绿带自然式种植，以春景为主要特色，与中央分车带相呼应；兼顾四季景观，增加冬季常绿和彩枝树种；以楸树、白蜡作为背景林带丰富秋季彩叶景观；以八棱海棠、西府海棠为前景树，辅以春花植物榆叶梅、黄刺玫、迎春、连翘、紫丁香、棣棠做点缀。

图 5-41　北京房山高端制造业基地道路断面图

3）道路绿化环岛设计（图 5-42）：植物的高度，自圆心向周边逐渐减低，设在周边的灌木或花坛不宜超过 1m。花坛要求花色、图案纹样精美，管理周到，代表该地区的面貌。

交通岛周边的植物配置宜增强导向作用，在行车视距范围内应采用通透式配置，保持各路口之间的行车视线通透。

图 5-42　北京房山高端制造业基地道路绿化环岛设计效果图

（二）园林道路绿化

园林道路是公园绿地的骨架，具有组织游览路线、连接不同景观区域等重要功能。植物配置无论从种类的选择上还是搭配的形式上，都比城市道路更加丰富多样和自由生动。

园林道路植物配置意在创造不同类型的园路景观，如山道、竹径、花境等。在自然式园路中要打破一般行道树的栽植格局，株行距应与路旁景物结合、灵活多变，留出透景线，创造"步移景异"的效果。路口可种植色彩鲜明的孤植树或树丛，起到对景、标志或导游的作用。

园林道路分为主路、次路和小路，对于不同的园路尺度及类型，其植物配置方式也不一样。

（1）主路：常代表绿地的形象和风格，成为绿地的绿化骨架，植物配置应特点鲜明，形成与其定位一致的、代表全园的气势和氛围（图5-43）。

图5-43　海淀公园

（2）次路：次路通行较为缓慢，留有观察周边欣赏景致的可能，沿路视觉上要疏密有致、富有层次（图5-44）。

图5-44　元大都遗址公园

（3）小路（图5-45、图5-46）：小路通常是隐蔽空间内的道路，通过密集的种植与喧嚣的主路或活动场分隔，植物配置以自然式为宜。多以灌木为主要种植材料，在人的行为视线方向上形成一定的遮障。

图5-45　青岛德国中心游园小路（一）

图5-46　青岛德国中心游园小路（二）

三、城市公园及街旁绿地的植物景观设计

城市公园作为城市绿色基础设施，具有直接和间接的功能，主要体现在休闲游憩、维持生态平衡、促进地方社会经济发展、促进精神文明建设、美化城市景观和防灾等方面。

1. 城市公园植物景观配置的注意事项

（1）全面规划，重点突出，远期和近期相结合。

（2）突出公园的植物特色，注重植物品种搭配。

（3）公园植物规划注意植物基调及各景区的搭配规划。

（4）充分满足绿地、道路、广场的使用功能要求。

（5）四季景观和专类园的设计是植物造景的突出点。

（6）注意植物的生态条件，创造适宜的植物生长环境，避免植物间病虫害相互传播扩散。

2. 城市公园植物景观设计的基本要求

（1）形成统一基调：用2~3种树形成统一基调。北方地区，常绿树占30%~50%，落叶树占50%~70%；南方地区，常绿树占70%~90%。在树木搭配方面，混交林可占70%、单纯林占30%。各出入口、建筑四周、儿童活动区和园中园的绿化应富于变化。

（2）创造与环境相适应的气氛：在娱乐区、儿童活动区，为创造热烈的气氛，可选用红、橙、黄等暖色调植物花卉。在休息区或纪念区，为保证自然、肃穆的气氛，可选用绿、紫、蓝等冷色调植物花卉。公园近景环境绿化可选用强烈对比色，以求醒目；远景的绿化可选用简洁的色彩，以求概括。在公园游览休息区，要形成一年四季季相动态构图，春季观花，夏季浓荫，秋季观红叶，冬季有绿色丛林，以利于游览欣赏。

3. 城市公园种植案例（图5-47、图5-48）

苏州体育公园植物树种的选择以苏州当地乡土树种为主，同时兼顾景观效果与多样性，适量配置花灌木与新优树种，从功能的综合性、生态的科学性、配置的艺术性、经济的合理性、风格的地方性五个方面入手，打造稳定的具有地方特色的植物群落景观与城市街道、运河水岸观景面，并做好种植分区图。

图5-47 苏州体育公园种植分区图　　　　图5-48 苏州体育公园种植分区意向图

树种选择分为以下三类：

（1）一类树种：以乡土树种为主，选择适应性强、抗逆性好的树种作为基调、骨干树种，如香樟、垂柳、广玉兰、桂花、银杏等。

（2）二类树种：为突出四季季相特征，选择一些各具季相特征的秋色叶与春色叶树种和观花、观果树种，提高美化现有的植物景观效果，如雪松、罗汉松、枇杷、慈孝竹、棕榈、枫香、马褂木、水杉、白玉兰、含笑、毛杜鹃、红花檵木、紫叶李等。

（3）三类树种：适当应用观赏性突出的新优品种，是保证核心区环境美化、提升景观效果的必要选择，包括湿地松、白皮松、重阳木、无患子、山茶、栀子花、鸡爪槭、樱花等。

4. 街旁绿地景观配置

街旁绿地主要是指位于城市道路用地以外，相对独立成片的绿地，包括街道广场绿地、小型沿街绿化用地等，其绿化率应大于65%。街旁绿地实质上是一种小型公共开放空间，其空间形态属于团状城市公共空间。街旁绿地的植物景观设计，必须预见到人在一定环境中的行为模式，分析这种模式，是进行街旁绿地植物景观设计的一个依据。它可以确定活动内容的设置，并根据各种行为的人数多少，确定各类活动场地植物景观的形式，使游人感到自然合理、安逸和愉快。

四、城市建筑周边的植物景观设计

建筑环境是指广义上的人造景观及其周边环境，既包括建筑物、构筑物环境，又包括建筑周围的假山、置石及小品、铺装等景观元素。通过源于自然、高于自然的植物配置与艺术意境的创造，能够达到建筑与自然之间互相穿插、交融布局的效果，使得建筑与环境有机协调。

1. 建筑周边植物景观配置要点

（1）明确建筑主体定位。
（2）明确建筑与环境的关系。
（3）通过植被丰富建筑物的艺术构图。
（4）赋予建筑以时间和空间的季候感。
（5）丰富建筑空间层次，增加景深。
（6）营造使建筑环境具有意境和生命力的景观。

2. 古代园林建筑植物景观配置

古代园林建筑以其独具匠心的艺术构思、精湛的工程技术手段、富于哲理的审美思想展现在世人面前，其丰富的外在表现形式对园林整体美观性具有不可忽视的作用。在古代园林中，多通过模仿原始状态下山川河流的自然美，使园林建筑融合于周围环境之中。这种和谐环境气氛的创造，在很大程度上依赖于园林建筑周围的植物配置。植物配置注重与建筑环境、景致相协调，做到因势、随形、相嵌、得体，创造出千姿百态的园林建筑景观，从而达到"虽有人作，宛自天开"的艺术境界。

古代建筑植物配置形式主要分为规则式配置（图5-49）和自然式配置（图5-50）。

图 5-49 北京天坛圜丘（规则式配置）

古代皇家园林及寺庙园林，其建筑形式多为规则式，用来表达皇权的秩序或神明的威严。其植物配置也多采用规则式的植物配置形式，规则式布局的树木庄重威严，往往在门、山门或大殿前端左右两侧栽植2~4株，也有树阵式栽植方式，其树木株距相等、排列整齐、错落有致。

图 5-50 颐和园谐趣园（自然式配置）

在有轴线的庭院中，轴线两边也经常会规则地排列庭荫树种或花木，以便与庭院空间相协调，表达一种秩序或等级化的概念。

在传统的自然山水园中，植物多呈自然式布局。一般是模仿自然界的布局方式，以姿态优美的园林植物进行自然式栽植，创造出清幽、雅致、险峻的自然式园林环境。

3. 现代园林建筑植物景观配置

当今的建筑设计主要考虑其实用性和观赏性，外部造型简洁、明朗、清新、大方，要求满足生产和建筑成本的基本要求。新的工业建筑材料特别是钢筋混凝土、平板玻璃、钢铁构件等在建筑中得到了广泛的应用。

现代建筑植物配置形式分为自然式配置和规则式配置（图5-51）。

图 5-51 青岛德国中心建筑周边植物景观

自然式配置：通过与植物群落和起伏地形的结合，从形式上来表现自然，立足于将自然生境引入建筑周围。

规则式配置：多用于建筑形体规则、庄重，直线形的周边环境中，按照建筑的外围空间需求布置成树阵式及规则式修剪绿篱等。

百度科技园植物景观设计（图5-52）依照其建筑围合的空间分为屋顶花园、主入口、园区、外围景观、下沉广场五个部分。

屋顶花园选择根系浅、轻维护的植物，如八宝景天、佛甲草、白三叶、大叶黄杨、班叶芒等。

主入口以礼仪迎宾、美观、遮阴、突出企业文化底蕴为主要功能，选择玉兰、元宝枫、云杉、丁香等树种，并结合景观草坪，突出简洁、简单可依赖的特点。

园区具有复合型多功能多空间，大乔木支撑起绿色屏障，小乔木、花灌木点缀其中，有雪松、油松、白皮松、银杏、元宝枫、鸡爪槭、丛生蒙古栎、灯台树、白玉兰、山杏、碧桃、榆叶梅、丁香、连翘等。

外围景观以打造绿色屏障为主，选用悬铃木、紫叶李、榆叶梅、木槿、丁香、大叶黄杨、金叶女贞等植物。

下沉广场部分与建筑关系最为紧密，以营造温馨、舒适的视觉感受，选择油松、华山松、云杉、水杉、国槐、元宝枫、樱花、紫薇，以及珍珠梅、金银木、散尾葵等耐阴植物。

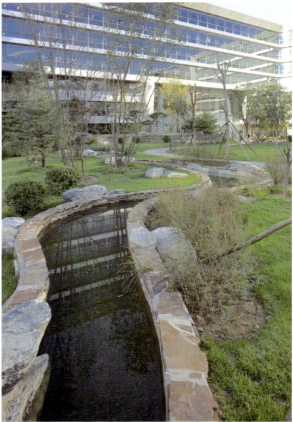

图 5-52　百度科技园植物景观设计

4. 居住区建筑植物景观配置

目前居住区的建筑布局多为混合式，居住区的周边多为高层建筑，周边高而中间低，形成一个盆地结构，小气候明显（图 5-53）。

图 5-53　西安珑府植物景观设计

现代城市居住区建筑植物景观配置的原则有以下几点：
（1）绿化配置以植物群落为主。
（2）营造舒适的植物景观空间。
（3）绿化设计体现实用性和艺术性。
（4）植物与建筑布局协调一致。

五、滨水空间的植物景观设计

水景是园林艺术中不可缺少的、最富魅力的一种园林要素。在园林景观设计中，重视水体的造景作用、处理好园林植物与水体的景观关系，可以营造出引人入胜的园林景观。

（一）滨水植物的类型

植物分为水生、湿生、中生、旱生等生态类型，它们在外部形态、内部组织结构及抗旱、抗涝能力上都是不同的。

在园林应用方面，滨水植物根据其生理特性和观赏习性可以分为水边植物、驳岸植物、水面植物三大类型。在不同的地域和气候条件下，通过这三种植物的综合运用，能够形成特色鲜明的滨水植物景观。

1. 水边植物

水边植物能够丰富岸线景观，增加水面层次，突出自然野趣。常用的有垂柳、旱柳、枫杨、碧桃、樱花、棣棠、红瑞木、蔷薇等。

2. 驳岸植物

驳岸植物形式多样，配置丰富。常用的有垂柳、迎春、连翘等，其柔长纤细的枝条能够弱化驳岸的生硬线条；或通过栽植花灌木、宿根花卉及水生花卉（如鸢尾、菖蒲等）来丰富滨水驳岸景观。

3. 水面植物

水面植物可细分为挺水植物、浮水植物、沉水植物。常用的挺水植物有荷花、睡莲、菖蒲、鸢尾、芦苇、千屈菜等；浮水和沉水植物有金鱼藻、水马齿、水藓等。

（二）滨水植物景观的空间形态

滨水植物景观（图5-54）的空间形态以河湖、水池、喷泉等形式为主。其中，在河湖景观植物配置中，驳岸有时起到主导作用，其一般分为石岸、土岸、混凝土岸等。石岸线条生硬、枯燥，植物配置原则上应有遮有露，岸边经常配置垂柳和迎春等植物，细长的枝条下垂至水面以遮挡石岸，同时可配以花灌木、藤本植物进行局部遮挡，增加活泼气氛；土岸通常是由池岸向池中做成斜坡，一般为草坡入水，水中种植菖蒲、芦苇、凤眼莲等，岸边配置结合地形、岸线布局等，做到远近相宜、疏密有致、自然有趣。

图 5-54 滨水植物景观

（三）滨水植物景观的设计特点

1. 功能的综合性

发挥园林植物的综合功能，在满足基本绿量和防护要求的同时兼顾滞尘、降噪、增湿、美化等多种功能，营造地块优良园林景观环境。运用雨水收集理念，打造城市级、区域级、地域级的多层级雨洪控制净化方式。增加单位面积渗水量，选择涵养能力高的树种和净水能力强的水生植物，利用最佳植物搭配组合，达到最理想的自然生态目标。

2. 生态的科学性

符合自然规律，满足生态要求，处理好中间关系，防止植物病虫害的发生，丰富植物种类，预防极端天气对植物景观造成的毁灭式灾害。远近结合，兼顾速生树种与慢生树种、落叶植物与常绿植物的搭配，以解决远近期的过渡问题，配置时注意不同树种的生态要求，使之成为稳定的植物群落，减少后期养护投入。

3. 分区的针对性

滨水植物景观设计中，针对不同的功能分区，其植物景观配置的侧重方向也不同，常见的有以下几种：

（1）景观核心区。该区属于滨水景观中的核心建设区域，一般对原地形改动较大，在植物种类的选择上应选择规格较大、树形优美、观赏价值较高的树种，进行合理搭

图 5-55　青岛德国中心景观核心区植物景观

配。例如青岛德国中心景观核心区的植物景观设计（图 5-55）：上层乔木有枫香、榉树、银杏、馒头柳；中层灌木有滨海木槿、夹竹桃、杜鹃；下层地被有狼尾草、细叶芒、金鸡菊、萱草、白茅；水生植物有千屈菜、荷花、芦苇、香蒲、水葱。

（2）生态湿地区。湿地系统对整个景观生态系统的稳定起重要作用，在配置过程中应选择当地耐盐碱的适生树种，在美化水景的同时净化水体，营造鸟类栖息地，优化地块生态系统。例如南宁八尺江滨水公园的生态湿地种植区：乔木有落羽杉；挺水植物有芦苇、水葱、菖蒲、荷花、慈姑、香蒲等；浮水植物有睡莲、王莲；漂浮植物有荇菜、槐叶萍、浮萍、野菱。

（3）滨水休闲区。该区主要以树林加草地的种植形式为主，留出大量场地供人们进行体育休闲活动。在滨水区结合水面进行植物配置，营造优美的水边植物景观。常用的乔木有香樟、桉树、木麻黄、中山杉等；水生植物有芦苇、水葱、香蒲、菖蒲、千屈菜、花叶芦竹等。

（4）沿湖防护区。在公园与城市交界面种植高大乔木（如国槐、乌桕、杜英、无患子）作为防护林带，营造沿河湖景观带的优良环境，在保证绿量的同时能够降低噪声、过滤汽车尾气、净化环境、增加空气湿度、降低环境温度，创造良好的沿湖小气候。

（四）人工水池景观的植物类型

水池景观是城市公共空间中最为常见的一种形式，其植物景观配置需要从其主体性出发，塑造优雅美丽的特色景观。

北京国家大剧院（图 5-56）的正面以建筑及水池为主体，远处的植物成为一抹绿色的背景。

喷泉及叠水景观效果比较精致，在园林中往往处于焦点地位。喷泉及叠水的形式多种

图 5-56　北京国家大剧院

多样，其植物配置的意义更多在于如何突出和强化喷泉和叠水的景观效果，因此植物配置强调背景或框景，配置方式应简洁，色彩宜相对素雅，如北京奥林匹克公园的水池叠水（图5-57）。

图 5-57 北京奥林匹克公园的水池叠水

第四节 植物景观搭配的基本形式

一、平面搭配形式（图 5-58）

树丛是种植构图上的主景，通常由 2~10 株乔木组成，再结合各种花灌木及草本地被植物的配置，就构成了植物景观的基本要素。

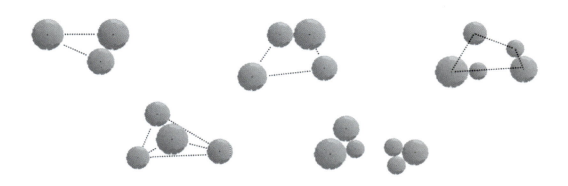

图 5-58 平面搭配形式

二、立面搭配形式（图 5-59）

在千变万化的植被组合中，乔木、灌木、地被的单层或复层种植又可产生多种不同的立面配置效果。

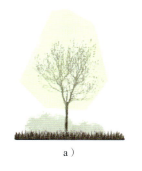
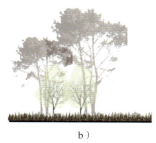
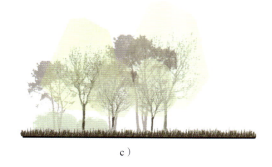

图 5-59 立面搭配形式

a）阔叶乔木+地被　b）针叶乔木+小乔木、花灌木　c）针叶乔木+阔叶乔木+小乔木

第五节　景观种植设计施工图解及实践案例

一、景观种植设计施工图解

在景观设计中，景观种植施工图设计所占的分量越来越重，成为景观设计的重要环节。

景观种植施工图设计是对种植方案设计的细化，是非常具体、准确并具有可操作性的图样文件。在整个项目的设计及施工中，起着承上启下的作用，是将设计变为现实的重要步骤。因此，种植施工图设计要求准确、严谨，图样表达简洁、清晰。

目前，虽然景观种植施工图设计有许多相关的规范、标准，但多分散在各种规范之中，所包含的内容也不够全面，还没有形成完整统一的、针对景观种植施工图设计的规范。各设计单位根据工作需要，总结出各自的种植施工图设计标准。在重大项目分段设计、招标，多个设计单位共同承担设计工作时，由于设计图标准不统一，互相交流与沟通中会产生一些障碍，给施工组织、实施带来不便。

以百度科技园植物景观设计为例，其植物景观种植设计需要对所涉及的所有植物进行定位、定量、定规格，图样内容应包括种植说明、种植定位标注（种植平面图）及苗木表。

（一）种植说明

种植说明是种植施工图设计中不可缺少的组成部分，是对施工图设计的概括总结和补充。在种植说明中，要对种植施工的各主要环节提出要求，并对设计中所采用的植物苗木规格进行严格的规定，以满足植物造景的需要和不同种植区域功能的要求。种植说明可以使施工人员对种植施工设计有总体了解，为施工组织管理提供依据。

1. 整地

（1）表层种植土。在实土上种植时，应保证园林植物生长所必需的最低种植土层厚度（表5-2）。

表 5-2　最低种植土层厚度　　　　　　　　　　（单位：mm）

植被类型	草本花卉	草坪地被	小灌木	浅根乔木	大乔木
土层厚度	300	300	400	900	1500

（2）土壤改良。当现状土不满足种植要求时，应换填种植土。在花卉、地被和片植灌木区域，应整体换土。在点植灌木及乔木区，换填区域应与植物成年后冠幅等大。在本设计中，灌木、乔木换填种植土满足良好生长空间要求，深度满足表 5-2 要求。

屋面种植荷载以无机轻质土，保水密度 650kg/m³ 计算。屋面种植土要求使用无机轻质土。

2. 选苗

（1）施工选苗时，树种及规格应根据苗木表及设计说明的要求进行选定，特型植物加以编号。

（2）应选用高质量的苗木。根系发达而完整，主根短直，接近根颈范围内要有较多的侧根和须根；主侧枝分布均匀，能构成完美树冠；无病虫害和机械损伤。

（3）应优先选用经多次移植的大规格苗木。若选用实生苗或野生苗，需经 1~2 次断根缩坨处理，或移置圃地培养才可应用，以保证成活率。

（4）景观设计范围内苗木经济指标。景观设计范围内苗木经济指标表见表 5-3。

表 5-3　景观设计范围内苗木经济指标表

类型	草坪 /m²	修剪灌木、地被、藤本、水生 /m²	灌木（株）	乔木（株）
首层				
类型	草坪 /m²	修剪灌木、地被 /m²	灌木（株）	
屋顶				

3. 栽植

（1）放线定点：规则式种植主要应用于广场及建筑周边的绿篱、树阵，要求整齐美观，树篱严格按施工图中所示标高修剪，保证树梢平齐；分散式自然种植区，树木在图中由网格定位，施工前应确定定位点和现场情况是否可能发生冲突，现场定点后应由设计人员验点。

栽植需避让地下管线、地下障碍物时，若遇冲撞，应找设计人员和有关部门协商解决。

实土区种植位置与同标高的管线水平距离超出标准时，应事先对管线加以保护，保护后距离种植点不得小于 1.0m。

（2）栽植修剪：树木均要求全冠移植。可以对树冠在不影响树形美观的前提下进行适当修剪，以提高成活率和培养树形，同时减少自然伤害。栽植时，对已劈裂严重磨损和生长不正常的偏根及过长根进行修剪，保证规则种植的树木生长后大小整齐。

（3）配苗：对规则种植的苗木，栽前按大小分级，使相邻近的苗木保持栽后大小一致，相邻同种苗木的高度要求相差不超过 300mm，干径相差不超过 100mm。对于常绿树，应把树形最好的一面朝向主要观赏面。树皮薄干外露的孤植树，最好保持原来的阴阳面，以免引起日灼。

（4）栽种：行列式栽植应保持整齐。如有弯杆之苗，应弯向行内，左右相差不超过树干的一半。对大规格苗木为防灌水后土塌树歪，应立支柱。支柱以能支撑树的 1/3 处即可。后打支柱时，注意不要打在根上而损坏土球。绿篱灌木种植，要求保证无退脚，退脚处补栽。

（5）栽后管理：栽后应加强养护管理。草坪上的种植，在封堰后，堰内按种植设计补种草或花卉，与四周连成一片，并再次为乔木、灌木修枝整形。广场上的种植，在封堰后，加盖钢箅子。

4. 大树移植的特殊要求

为了短期成景，选用了大规格苗木。移栽前应做好断根缩坨，要求带较大土球，树冠在保证整体效果时可进行适当梳剪。栽植坑深度大小应依据土球大小确定，以保证乔木成活。

5. 施工顺序

种植工程宜在道路等土建施工完再进场,如有交叉施工应采取措施保证种植质量。

(二) 种植平面图

种植平面图是对种植方案设计的深化、细化、具体化。通过种植平面图,将所涉及的内容延伸到每一个细节、每一株植物单体,通过每一株植物材料的具体搭配来体现设计构思、设计风格、设计意境,创造出优美宜人的植物景观。

种植平面图分为种植总平面图和分区种植平面图。

种植总平面图(图 5-60)的比例一般为 1:1000 或 1:500,是概括整个设计范围内植物种植关系的图样。图面上需要将乔木、灌木、绿篱、地被等全部体现出来,不需要标注植物的种类、个数和面积。

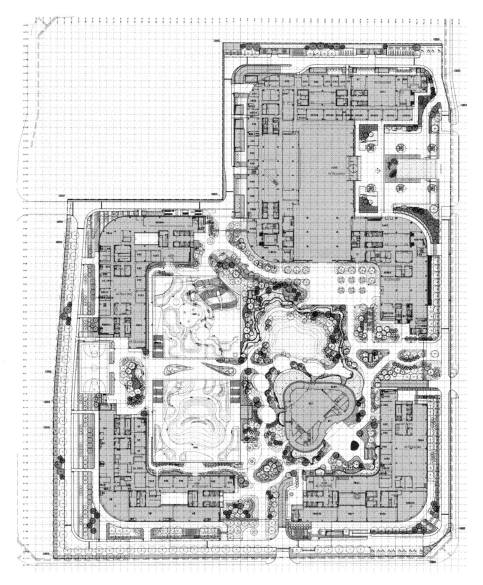

图 5-60 种植总平面图

分区种植平面图（图 5-61、图 5-62）是详细表示乔木、灌木、地被的数量、品种、种植密度的图样，需要对每棵乔木或灌木、每丛地被或绿篱进行文字连线说明（种类、数量）。如地块内植物数量较少，可将乔木、灌木、地被汇总在一张分区图上表示；如地块内植物数量较多，则需要将地块内乔木、灌木、地被分图表示。

分区一乔 木种植平面图	分区二乔 木种植平面图	分区三乔 木种植平面图	分区四乔 木种植平面图
分区一灌 木种植平面图	分区二灌 木种植平面图	分区三灌 木种植平面图	分区四灌 木种植平面图
分区一地 被种植平面图	分区二地 被种植平面图	分区三地 被种植平面图	分区四地 被种植平面图

a）

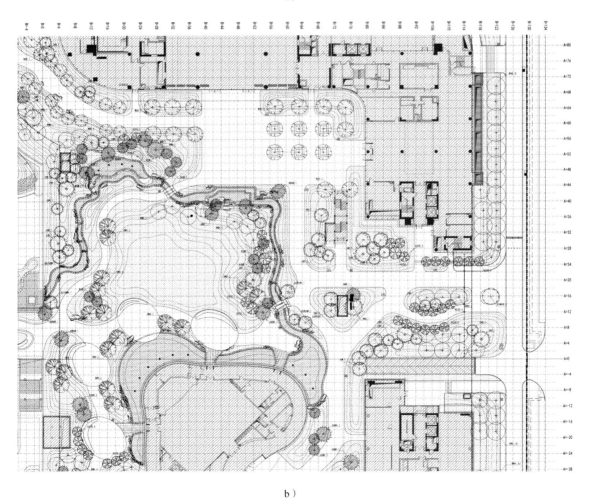

b）

图 5-61　种植分区及分区一乔木种植平面图

在施工图中首先要确定种植点的位置，通过种植点来规定植物的位置、种植密度、种植结构、种植范围及种植形式。通过文字标注将种植施工图中具有共性的内容进行概括总结，完善施工图中图形、线条所不能表达的内容。

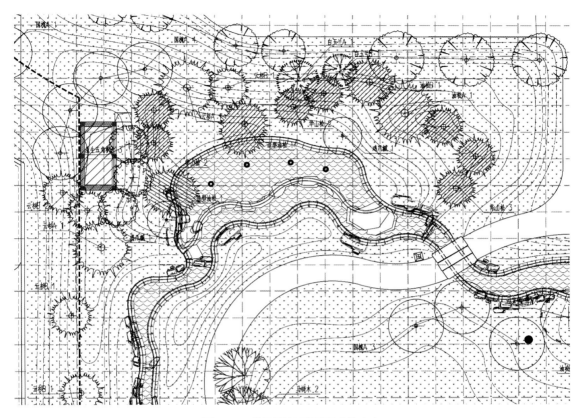

图 5-62 分区种植平面图（放大）

对于想着重表达种植关系的重点区域平面，可绘制植物立面关系图（图 5-63），以便施工方能够更准确地理解设计意图。

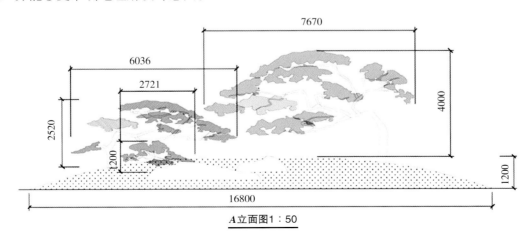

图 5-63 植物立面关系图

(三)苗木表

苗木表(表5-4~表5-6)的作用是将所用到的所有植物类型进行分类汇总、统计,并将每种植物的树冠、胸径、地径等规格以及树姿、株型、种植密度等特点进行详细描述。

表5-4 乔木

编号	苗木名称	图例	拉丁学名	出圃规格/cm					数量/株	备注
				高度	蓬径	胸径	地径	分支点高度		
1	油松		*Pinus tabuliformis*	500	>300	8~13		180~200		带土球移栽,主杆挺拔,冠形饱满
2	银杏		*Ginkgo biloba*	800~850	>400	20~22		250		全冠移植,主杆挺拔,冠形匀称饱满

表5-5 灌木

编号	苗木名称	图例	拉丁学名	出圃规格/cm						数量/株	备注
				高度	蓬径	胸径	地径	主枝径	分支点高度		
1	山桃		*Prunus sargentii*	400~450	>250	13~15			150		独杆,冠形匀称饱满,姿态优美
2	紫丁香		*Syringa oblata*	350	>400			8~10			丛生,冠形匀称饱满,4~5枝/丛

表5-6 地被

编号	苗木名称	图例	拉丁学名	修剪规格/cm		数量面积/m²	备注:株/m²
				高度	蓬径		
1	小叶黄杨		*Sabina vulgaris*	40	30~40		25
2	玉簪		*Prunus davidiana*	30	20~30		25

在进行种植施工图设计时,需要注意以下几个方面:

(1)种植说明需完整。在进行种植设计前需提前考虑当地的气候条件、土壤类型、光照条件、覆土厚度及荷载,需要从选苗、栽植、移植,以及后期管理等方面进行详细的要求及说明。

(2)种植施工图中植物图形过于复杂,植物的种植点表达不清,会影响植物准确定位。植物种植图块种类不宜过多,根据其树种类型、冠幅、树形等统一分类。

(3)种植点间距与植物合理生长密度不符,影响植物正常生长。在进行灌木、绿篱、地被类的种植施工图设计中极易出现种植密度不合理的情况,需要提前号苗或了解当地植物的生长情况,有根据地适当调节种植密度。

(4)种植点位与地下管线冲突,需要提前与相关专业做好调整工作。

(5)为满足植物生长所需的种植土层厚度,在满足设计要求的情况下,可适当堆土形成微地形,荷载不足时,可置换为轻质土壤满足要求。

景观种植方案设计与景观种植施工图设计是种植设计的不同阶段。由于它们的目的不同，设计的内容及深度也不相同。种植方案设计是对种植构思、种植风格、植物景观的总体把握，是对植物种植层次、种植基本形式、主要植物种类的总体要求。种植方案设计对种植施工设计具有指导作用，是种植施工图设计的主要依据之一，但种植方案设计不能直接指导施工，需要种植施工图设计进一步完善。

二、景观种植设计实践案例

为了更好地实现种植设计意图，设计者需要与甲方及施工队进行多次方案沟通，配合施工队完成号苗工作并指导现场作业，包括假植、苗木定位、养护、栽植顺序、调整栽植密度等。

号苗是实现设计构想的重要环节，植物的品种、规格、树姿、长势等都是需要注意的环节。

一般选择乔木时要求冠型饱满、主枝挺拔（图5-64、图5-65），移植时需要带土球。灌木一般有独杆和丛生之分，独杆要注意冠型饱满、分支点高度，丛生会涉及分支数量及主枝径。当然有时根据设计需要，也会选择姿态异形的株型。

图 5-64　树冠饱满的悬铃木

图 5-65　树冠饱满的馒头柳

假植（图5-66）是苗木栽种或出圃前的一种临时保护性措施。掘取的苗木如不立即定植，则暂时将其栽植在无风害、冻害和积水的小块土地上，以免失水枯萎，影响成活。需要假植的苗木最重要的一个步骤是要除去一部分枝叶，减少水分蒸腾，延长植物寿命，提高成活率。去除枝叶程度要根据植株的根部损伤程度来决定，损伤得越严重，枝叶就相应去得越多，反之则保留枝叶就越多。

在移植树木时要采用草绳绕树干、草绳绕土球等方法。采用草绳绕树干方法时，

图 5-66　大乔假植

草绳缠到树干上的高度一般按1m计。采用草绳绕土球方法时,土球直径一般为干径的7~8倍。新栽植的乔木或灌木,需要用杉篙(图5-67)固定保证其主枝挺拔,或使用其他方式将植物加以固定(图5-68)。

图5-67　栽树木支撑用的杉篙　　　　　　图5-68　钢竹在养护期的调直扶正

植物与其他造景要素的搭配组合也尤为重要,设计者需要根据现场情况及设计意图,结合图样多角度灵活调试(图5-69)。

图5-69　多角度灵活调试

种植苗木的先后顺序尤为讲究，在不涉及曲线花篱的情况下，一般是先确定高大乔木，再确定小乔木、灌木和绿篱球；当涉及曲线花篱时，可先确定位花篱位置，再根据其开合收放添植乔木、灌木；铺设草坪和地被是在多方调试组景确定后的最后步骤（图5-70~图5-79）。

图5-70　场地允许时行道树的栽植可滞后　　图5-71　行道树栽植在铺装之前

图5-72　实施草坪前（一）　　图5-73　实施草坪后（一）

图5-74　实施草坪前（二）　　图5-75　实施草坪后（二）

图 5-76 实施草坪前（三）

图 5-77 实施草坪后（三）

图 5-78 模纹花坛先用花篱搭出整体框架

图 5-79 增补花卉及小灌木

一些常见区域或入户景观有相应的基础搭配方式，如图 5-80～图 5-87 所示。

图 5-80 墙脚乔木、灌木、地被的基本搭配

图 5-81 入户前乔木、灌木、地被的基本搭配

第五章　植物景观设计工程
Chapter 5

图 5-82　迎宾入口乔木、灌木、地被的基本搭配（一）

图 5-83　圆形绿岛植物搭配

图 5-84　迎宾入口乔木、灌木、地被的基本搭配（二）

图 5-85　异形花池植物搭配

图 5-86　景观草坪及周围围合空间

图 5-87　迎宾入口的造型油松搭配

　　随着环境建设的发展和人们审美意识的不断提高，植物景观的营造不仅作为审美情趣的反映，更是兼具了生态、文化、艺术、生产等多种功能需求。创造出满足人们生活、审美需求且具有时代特色的植物景观，对我们每个设计者来说都是责无旁贷的，让我们一起携手并进、励志前行。

参 考 文 献

[1] 何桥.植物配置与造景技术[M].北京：化学工业出版社，2015.
[2] 苏雪痕.植物造景[M].北京：中国林业出版社，2000.
[3] Brian Clouston.风景园林植物配置[M].陈自新，许慈安，译.北京：中国建筑工业出版社，1992.
[4] 余柏椿.城市设计感性原则与方法[M].北京：中国城市出版社，1997.
[5] 赵世伟，张佐双.园林植物景观设计与营造（彩图版）[M].北京：中国城市出版社，2001.
[6] 姚时章，蒋中秋.城市绿化设计[M].重庆：重庆大学出版社，1999.
[7] 王晓俊.西方现代园林设计[M].南京：东南大学出版社，2000.
[8] 徐德克，等.植物景观意匠[M].南京：东南大学出版社，2002.
[9] 朱仁元，金涛.城市道路·广场植物造景[M].沈阳：辽宁科学技术出版社，2003.
[10] 北京照明学会照明设计专业委员会.照明设计手册[M].3版.北京：中国电力出版社，2016.
[11] 唐正宏.光污染[J].科学，2012（5）.
[12] 余柏椿.城市设计感性原则与方法[M].北京：中国城市出版社，1997.
[13] 王晓俊.西方现代园林设计[M].南京：东南大学出版社，2000.
[14] 中国建筑标准设计研究院.环境景观——室外工程细部构造：15J012—1[S].北京：中国计划出版社，2016.